全屋定制
柜体设计全书

 理想·宅◎编著

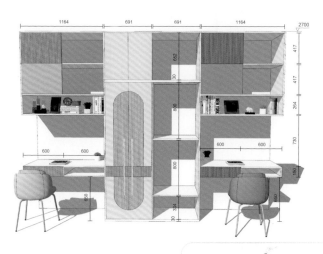

化学工业出版社
·北京·

内容简介

本书将定制柜体设计融入住宅精细化的设计之中,通过大量的手绘插画和家具建模图来具体呈现定制柜体的材质选择、工艺做法、收纳尺寸等关键信息。同时,将定制柜体与空间属性,以及居住者需求紧密结合,令柜体不再是单一的家具,而是作为优化空间设计的得力帮手,或增加空间收纳量、或完成空间界定、或改善空间动线等。本书力求通过对定制柜体进行深入剖析,来打造出可以长效居住的好家居。

本书的内容呈现方式严谨而不失活泼,既适合室内设计师、家具厂商等专业人士作为方案参考,也适合普通装修业主作为随手翻阅的装修参考书。

图书在版编目(CIP)数据

全屋定制柜体设计全书/理想·宅编著.—北京:化学工业出版社,2023.5(2024.7重印)
 ISBN 978-7-122-43043-4

 Ⅰ.①全… Ⅱ.①理… Ⅲ.①住宅-室内装饰设计
Ⅳ.①TU241

中国版本图书馆CIP数据核字(2023)第039974号

责任编辑:林 俐   内文设计:理想·宅
责任校对:李 爽   封面设计:异一设计

出版发行:化学工业出版社(北京市东城区青年湖南街13号 邮政编码100011)
印 装:北京宝隆世纪印刷有限公司
710mm×1000mm 1/16 印张12 字数253千字 2024年7月北京第1版第2次印刷

购书咨询:010-64518888   售后服务:010-64518899
网 址:http://www.cip.com.cn
凡购买本书,如有缺损质量问题,本社销售中心负责调换。

定 价:78.00元   版权所有 违者必究

前言

　　对于全屋定制来说，最主要的工作是柜体设计，几乎占据家居空间 70% 左右的设计工作量。但是，全屋定制并不是简单地将全屋打满柜子，而是要仔细考量定制柜体的外在造型、内部分割，好的柜体设计不仅能满足空间的收纳需求，而且还能帮助打造合理的生活动线，甚至能影响空间风格，给空间的美观度加分。

　　定制家居的柜体设计最重要的设计理念是"以人为本"，在进行柜体定制时，要切实地了解居住者的实际需求，不仅要明悉其现在的生活状态，甚至需预估其未来 5~10 年间的生活样貌。本书的写作也正是遵循实际的设计准则，将内容分为三个部分。第一部分，讲解柜体设计的相关知识，包括选材、工艺、细节设计等。同时，对不同的居住人群进行需求分析，提供针对不同人群的更精细化、更实用的定制柜体设计思路和案例解析。第二部分，从动线规划、区域划分、改善畸零空间、增加储物能力等空间设计的角度来讲解定制柜体设计手法，并讲解定制柜体设计对空间格局的影响，以期通过设计之初的充分考量，为居住者打造舒适的家居环境。第三部分则将设计手法和理念落实到具体的家居空间，着重介绍玄关、客厅、餐厅、卧室、书房、厨房、卫生间 7 大核心家居空间的定制柜设计特点。

　　本书的写作形式打破传统，辅以插画、图示分析、家具建模图等，以一目了然的形式全面展示全屋定制柜体设计的设计思路和手法，并参考大量实际案例总结出柜体定制的合理尺寸，方便读者作为一手参考资料直接使用。

目　录

第三章
不同功能空间
的柜体设计

第一章
定制柜体设计初体验

定制柜体属于家具的一部分，在家居空间中可以占据到一半以上的比重，是家居空间不可忽视的设计环节。好的柜体设计不仅可以美化空间，也可以对空间的动线进行优化，为居住者带来舒适的居住体验。在设计柜体之初，首先应了解柜体的基本形态、常用材料等基础信息，以便设计出符合居住者使用需求的产品。

一、定制柜体设计的 3 项任务

相比成品家具来说，定制柜体可以更好地契合不同家居空间的形态，也因此能够更加充分地利用空间，使空间利用率达到最大。

定制柜体设计要充分考虑三方面的问题：柜体是否改善空间动线，柜体与空间风格的是否匹配，柜体的收纳率是否满足居住者的需求。这也是定制柜体设计的 3 项主要任务：① 整合空间布局；② 协调空间风格；③ 提升收纳功能。

木色的定制柜体造型利落，没有多余的繁复装饰，与整体空间风格的低调、质朴感相契合

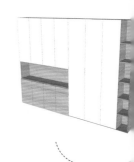

原本从玄关到客厅没有分隔，空间私密性略差，设计时用定制柜体围合出玄关区域，既分隔了空间，又可以满足收纳功能

任务 1 整合空间布局

定制柜体设计的首要任务是分析整体家居空间，对整个空间布局进行整合，确定定制柜体的位置。例如，可以利用定制柜体替代实体墙对空间进行区域分割；对于没有玄关的住宅，利用定制柜体来阻隔户外与室内的视线贯穿，起到玄关的作用。也就是说，定制柜体在一定的层面上可以作为间隔墙、软隔断来使用。

任务 2

协调空间风格

　　由于定制柜体在空间中的体量感通常较大，因此能够协调空间风格、为空间美观度加分。定制柜体可以通过色彩搭配、材质质感、装饰线条，以及五金把手等配饰来呼应整体空间的风格特征。另外，为了避免定制柜体大体量带来的压迫感，有时也会通过设置上下照明，或是采用柜体不落地的设计手法来减轻视觉上的重量感。

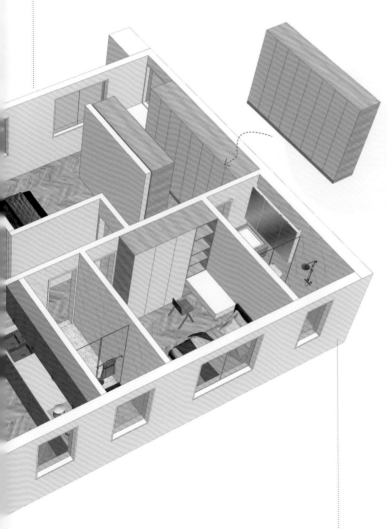

卧室面积充裕，用走廊型的定制柜体打造一个小型衣帽间，大幅提升空间的收纳能力

提升收纳功能

　　提升空间的收纳能力是定制柜体最直接的功能，通常可以结合居住者的实际需求来实现。最简单的原则是，可以根据空间大小来考虑收纳功能的设置。例如，中小户型对于收纳的需求是"好拿好收"，因为空间不大，柜体位置即使比较分散，也容易被接受。大户型对于定制柜体的收纳需求则应是"集中"，因此"便利性"这一诉求应得到充分考虑，力求让居住者不必太费心费力就能找到需要的东西。

任务 3

二、以人为本的设计准则

定制柜体的设计应遵循"以人为本"的设计准则，主要体现在两个方面：一是柜体的尺寸和内部结构应符合居住者的使用需求；二是柜体在空间中的位置应符合家人的行动轨迹。

1. 贴合使用者的生活习惯是关键

在规划定制柜体的位置时，可以根据家人的生活习惯和实际需求，采用"动线设计"的方式来实现，最终的目的是令物品的位置符合家人的拿取习惯和使用频率。

这样确定的定制柜体的位置，不仅贴合居住者的生活习惯，也可以令空间呈现出个性化的风格特征。

所谓的动线，是指居住者在家中为了完成一系列活动而走过的路线，又可细分为起居动线、家务动线、访客动线。总的来说，家居动线的优化可以从两方面考虑：① 缩短动线；② 动静分区。

清晨从起床到上班的路线

| 起床 | 穿衣 | 如厕 | 洗漱 | 早餐 | 穿鞋 | 出门 |

回家后休息的路线

| 下班 | 换鞋 | 开冰箱 | 休闲 / 看电视 |

买菜回家做饭的路线

买菜	取/放菜	洗/切菜	炒菜	用餐	清洁

洗澡洗衣的路线

取衣	洗澡	洗衣	晾衣

清晨从起床到上班的路线

回家后休息的路线

洗澡洗衣的路线　　买菜回家做饭的路线

2. 根据不同年龄段人群的需求做规划

在一个家庭中，一般会涉及三个年龄段的人群，分别为儿童、成年人，以及老人。在设计定制柜体时，应充分考虑不同年龄段人群的使用需求，例如柜体整体与分层的高度、体量，不同人群对于柜体内部结构分割的个性化需求等。以家居空间中最常见的收纳家具衣柜为例，结合三种不同人群的使用需求，可以做如下设计考虑。

年轻夫妇 年轻夫妇的衣物较为多样化。长短挂衣架、独立小抽屉或者隔板、小格子这些都得有，便于不同的衣服分门别类地放置。

被褥区用来放置和储藏日常使用的或者不合时令的被子、枕头、褥子等体积较大的床品

常穿的衣服可以挂起来，并且应将挂衣区细化为长衣区和短衣区，也可以单独开辟出悬挂裤子的区域

衬衫、T恤、毛衣等可以放置在叠放区，一目了然，且可以存放较多的件数

抽屉区可以存放一些使用频率较高的、较零碎的小件衣物，如内衣、袜子和一些散杂类物品

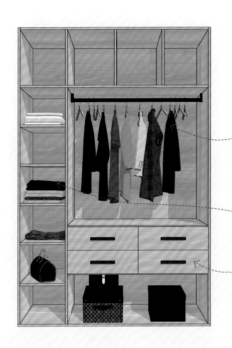

老年人 对于老年人而言，衣服样式较年轻人少一些，一般来说，衣物挂件较少，叠放衣物较多，可考虑多做些层板和抽屉，但抽屉不宜位置过低，放置在离地面高 1m 左右为宜。

挂衣区可以考虑安装升降衣架，更加方便老年人悬挂和拿取日常穿的衣物

在设计时可以多做层板，不仅可以叠放更多的衣物，也非常方便日常取放

常用的抽屉不宜做得太低，以免老年人蹲下取物不方便

儿童 儿童衣柜在设计时，考虑的重点是让小孩能自己找到想要穿的衣服，这样才能培养孩子的自理能力和良好的生活习惯。儿童衣柜的另一个关键点是要考虑使用的长久性，最好设置可移动的搁板，便于根据孩子的成长，衣物的变化及时做调整。具体设计时，还要考虑孩子的身高因素，不要在孩子的头部高度设计抽屉等可以拉出来的配件，以免发生磕碰。

固定的隔板区可以收纳一些儿童不常用的衣物、玩具等

活动的搁板区根据儿童的成长，来做更符合当下需求的分区

在衣柜中设置预埋螺母，可以根据儿童成长中身高的变化上下移动挂衣杆，例如图中为幼童状态下的挂衣高度，设置在 1m 左右

抽屉设置在衣柜较低的位置，可以方便孩子蹲下收纳自己的小件衣物

调整为青少年状态的挂衣区高度为 1.4m 左右

三、定制柜体的结构形态

定制柜体在设计形态上非常多样，可以满足不同的家居风格和使用需求。在外形上，定制柜体除了常见的方正形体之外，也可以融入多样化的造型设计，如流线型的把手、圆形的镂空柜格等。在构成上，可以在柜体中加入抽屉的设计，以及将柜体与书桌等其他家具进行一体式设计。

1. 定制柜体的组成结构

柜体的形态虽然非常丰富，但去繁就简之后，可以发现基本上是由外框、层板和柜门三部分组成。

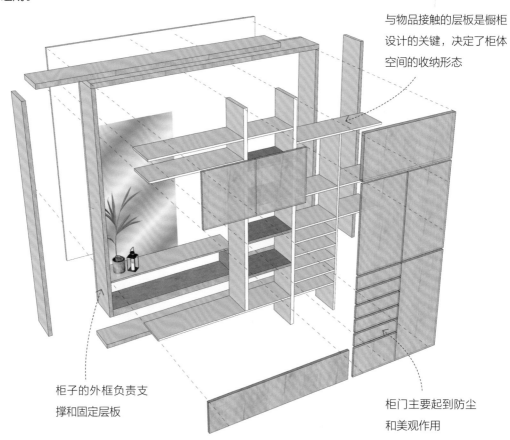

与物品接触的层板是橱柜设计的关键，决定了柜体空间的收纳形态

柜子的外框负责支撑和固定层板

柜门主要起到防尘和美观作用

▲ 构成橱柜形态的基础"三件套"

2. 定制柜体的内部分区

由于定制柜体通常会设计为到顶的形态，使用者因为身高的限制，在使用时会出现费力区或者舒适区。在设计柜体时应充分考虑使用者的使用便捷度，为不同类型的物品规划好合适的收纳区域和尺度。

高部区域　高部区域一般超过了使用者的身高，需要伸手或踩着其他物品才能取物，因此这部分适合规划一些大型的格子，用来存放一些使用频率不高、不需要经常拿取的的物品。

中部区域　中部区域是使用的舒适区，大部分成人可以轻松取物，可以安排较高的使用频率，在设计时最好做精细化的模块划分。另外，这部分区域还可以细化为中高柜和中低柜，中高柜部分建议考虑一些轻量物品的存放和悬挂；中低柜部分则可以考虑加入抽屉。

低部区域　低部区域一般来说需要蹲下才能够取物，因此也不适合放置使用频率高的物品，但这部分区域适合存放一些较重的物品，在设计规划时，以稍大型的格子和抽屉为主。

⬆ 定制柜体的内部分区

注：本书中未标注单位的尺寸数据单位默认为 mm。

一劳永逸的层板设置法

定制柜体中的层板设置决定了柜体空间的收纳功能，以到顶橱柜的总高度为 2.4m 为例，可以先利用两块层板将柜体空间分为 3 个部分，再根据居住者的使用需求来做更加个性化的设计。需要注意的是，两块层板的安装高度最佳位置为 0.7m 和 1.75m 处，这两个高度是结合人体工学尺寸得出的，在任何定制柜体设计中均通用。

为什么要选用这两个安装尺寸，原因如下：以 0.35m 为层间距（0.35m 是收纳体系中的基本尺寸），由下往上排列层板，第二块的高度为 0.7m，第五块的高度在 1.75m 处，这两块层板高度正好划分了使用者取放物品的三种状态。其中，高于 1.75m 的部分可能需要使用者踮起脚尖才能够到，而低于 0.7m 的部分则需要使用者弯腰或者蹲下（每个人的身高和层板的厚度有所不同，所以这两个尺寸会有一定的浮动空间）。

衣柜

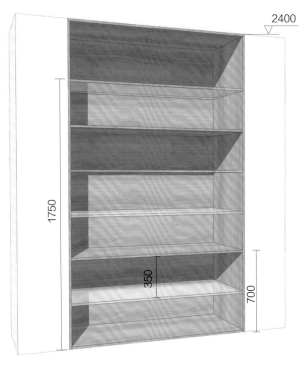

▲ 橱柜设计中层板的"万能"安装高度

储物柜

实际上，0.7m 也非常接近书桌和操作台面的高度，而 1.75m 也正好是挂衣杆的高度。也就是说，这两个层板的位置，基本上适用于储物柜、衣柜、一体式书桌柜等所有柜体。

一体式书桌柜

四、定制柜体的材料与工艺

定制家居的柜体大多由木质板材和五金配件组成，板材围合空间、承载物品，决定家具的寿命；配件关乎使用体验。柜体的木质板材由基材、饰面材料和封边材料三部分组成，三者的结合共同确保家具的美观、实用、环保。

1. 定制柜体常见基材

定制柜体的基材主要包括人造板类和实木类，由于人造板材的价格便宜且防水，拥有较高的性价比，因此相对于实木板，在定制柜体的应用上更加广泛。常见的人造板材包括胶合板、刨花板、密度板、细木工板和指接板。

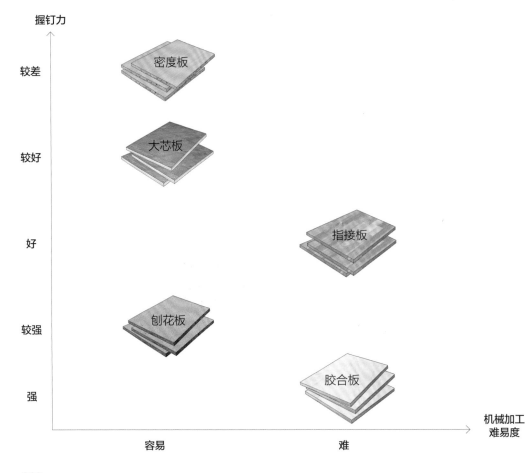

刨花板

别称：颗粒板、微粒板、碎料板等

◎ 刨花板是将各种小径木、速生木材、木屑等切削成一定规格的碎片，经过干燥，拌以胶料、硬化剂、防水剂等，在一定的温度、压力下压制成的人造板。

◎ 表面平整，隔音、隔热性能好。

◎ 有一定强度，可按需要加工成相应厚度及大幅面的板材。

◎ 规格厚度为 1.6~25mm，以 19mm 为标准厚度。

◎ 常见厚度为 13mm、16mm、19mm。

大芯板

别称：细木工板、木工板

◎ 是具有实木板芯的胶合板，将原木切割成条，拼接成芯，外贴面材加工而成。

◎ 具有漂亮的外观和强度，质感更贴近实木。

◎ 适合用来制作柜门扇、壁板、桌面板等。

密度板

别称：纤维板

◎ 密度板是以木质纤维或其他植物纤维为原料，经纤维制备，施加合成树脂，压制成的板材。

◎ 表面光滑平整、材质细密、方便造型。

◎ 主要用于定制家具的背板、抽屉底板、有雕花要求的柜门（如吸塑门、压塑门）。

◎ 厚度可在较大范围内变动。

◎ 由于防潮性略差，且强度不高，不适合用于高度超过 2.1m 的定制柜体。

胶合板

别称：多层实木板、夹板、合板、厘板等

◎ 胶合板是由木段旋切成单板或木方刨切成薄木，再用胶黏剂胶合而成的三层或多层的板状材料。

◎ 不易变形，对温度、湿度等室内环境条件的适应能力强。

◎ 适合制作幅面大的部件，如各种柜类家具的旁板、背板、顶板、底板等。

◎ 厚度规格范围为 2.7~6mm（6mm 以上以 1mm 递增）。

◎ 9mm、12mm 的规格多用来做柜子背板、隔断。

指接板

别称：集成板、集成材、指接材

◎ 指接板由多块木板拼接而成，上下不再粘压夹板，采用竖向木板间的锯齿状接口，类似两手手指交叉对接，故称指接板。

◎ 胶量较少，环保性能高。

◎ 可以作为实木板的理想替代品。

◎ 常见厚度有 12mm、15mm、18mm 三种，最厚可达 36mm。

2. 定制柜体常见饰面材料

定制柜体的表面装饰是指用涂料或者饰面材料对基材进行表面的覆盖。一般来说，密度板、细木工板、刨花板等基材常使用饰面材料，实木板、指接板等基材多使用油漆作为表面装饰的涂料。饰面材料品种繁多，常见的有以下几种。

仿木纹贴面类 仿木纹贴面使用非常广泛，视觉逼真、自然。其中比较常见的包括实木皮饰面、三聚氰胺浸渍胶膜纸饰面、波音软片饰面。波音软片是一种带纹理的贴膜。

实木皮饰面

优点：手感真实、自然，档次较高，是目前国内外高档家具采用的主要饰面方式

缺点：制作成本较高，价格较贵

三聚氰胺浸渍胶膜纸饰面

优点：贴面环保，不含甲醛，具有耐磨、耐腐蚀、耐热、耐刮、防潮的特性

缺点：热压温度过高容易引起表面裂化

波音软片饰面

优点：环保、表面光洁、仿木质感很强

缺点：接缝处理的要求较高，否则容易开胶

面料贴面类 在定制柜体的设计中用应用的面料贴面主要包括布料贴面和皮料贴面两种。面料贴面材质相对于仿木纹贴面材质来说使用率略低。

布料贴面

手感柔软温暖，既能起到装饰效果，同时也会给柜体增添"柔和度"。但是，布料打理起来比较麻烦，需要专门的清洗方法。

皮料贴面

可根据柜体的材质和尺寸进行定制，其颜色和纹理可以与现有材质如木纹等随意搭配。

皮料贴面的常见厚度

类别	厚度 / mm
一型	< 0.9
二型	0.9~1.5
三型	> 1.5

麻布　　　　条纹布料　　　　花纹布料

平纹皮料　　　　压纹皮料

常见样式

常见样式

3. 定制柜体常见饰面工艺

除了在定制柜体的表层粘贴一层饰面材料外，还可以采用吸塑、包覆、烤漆等工艺在基层表面覆盖一层具有功能性的材料。

定制柜体常见饰面工艺类型及特点

分类	特点	优点	缺点	图示
吸塑工艺	又称模压工艺，一般是以中密度板为基材，基材表面打磨平整、做好造型后，通过真空吸塑机，用热塑的方式将PVC吸塑膜吸压在基材上	◇抗划、耐磨性能突出 ◇可生成各种立体造型	容易变形	
包覆工艺	包覆工艺是将定制柜体板材的边框和板芯进行360°包覆，包覆材料一般为PVC，包覆方式是黏合	免漆环保、不开裂、变形率小、层次分明、立体感强	怕磕碰，一旦损坏不易修复，且价格高	
烤漆工艺	在基材表面喷漆后经过进烘房加温干燥处理的板材称为烤漆板，可分亮光、亚光及金属烤漆三种	◇易于造型，防水性好，抗污能力强 ◇表面光亮，适合采光不好的空间	容易划损和磕碰，损坏后维修难，而且价格较高	
混油工艺	指对柜体板材进行补钉眼、打砂纸、刮腻子等处理之后，再喷涂有颜色的不透明油漆的工艺	能为定制柜带来更丰富的色彩表现，为装修个性化提供更多选择	对油漆工人的技术要求比较高，操作起来比较费工时	

4. 定制柜体常用封边材料

封边材料的主要功能是保护板材的边缘位置，防止板材因裸露而受潮、氧化，造成变形或者变质。同时，通常情况下，板材在开料后状态比较粗糙，使用带有纹理和颜色的封边条颜色能增加板材的美观度。

定制柜体常用封边材料的类型及特点

分类	特点	图示
PVC 封边条	表面性能好，耐磨，是国内板式家具主要的封边材料。其花纹和色彩丰富多样，有模仿天然木色的，也有其他色彩和图案。缺点是质量不太稳定，容易老化和断裂	
ABS 封边条	制作成本较高，但不容易变色发白；耐热性虽好，但韧性不及PVC 封边条和 PP 封边条	
PP 封边条	耐热性极好，还有很好的抗化学腐蚀性能，着色性能优于 ABS 封边条	
三聚氰胺 封边条	黏合性好，但质地较脆，在家具生产或搬运中易损坏。适用范围与PVC 封边条相似，最适合用于防火板的封边	
实木条 封边条	适用于实木复合家具及实木复合门部件的机械封边	
铝合金 封边条	常用于厨房柜体门板的封边，硬度高，耐磨、耐脏、抗老化、防潮性能突出；但弯曲性能差，不适合应用于异形部位如转角等	
3D 封边条	以透明材料为底材，可做出镜面效果。黏合性极好，阻燃性好	

5. 定制柜体常用装饰五金件

装饰五金件是家具形态的组成要素，是指安装在家具外表面，起装饰和点缀作用的配件。定制柜体的装饰五金件主要为拉手。

定制柜体常见拉手类型

按材质划分

铜拉手

高端、精致，手感好，抗腐蚀性能佳，缺点是价格较贵。

锌合金拉手

锌合金具有较好的可塑性，电镀时容易着色。锌合金拉手款式多样，美观度好。

铝合金拉手

价格较低，但质感较差，在高湿高酸等环境容易氧化生锈。

木拉手

色泽温润、质感温和，特别适合有孩子的家庭。

皮质拉手

可以彰显文艺感和高端感，能够突出个性化特征。

陶瓷拉手

表面光滑，质感细腻，具有高级感。款式多样。

按形态划分

单孔拉手

常见圆形，也有方形、多边形等其他款式，比较精致小巧，装饰效果极佳，安装也比较方便。

条形拉手

款式多样，有简洁的无花纹款式，也有加入雕花的复杂设计，安装时需要考虑孔距，一般常见的孔距为96mm和128mm。

隐形拉手

安装过程是将门板开槽，然后在槽内打好胶水，再将拉手嵌入柜门内，安装完毕之后，拉手与柜门处于同一个平面，视觉效果简洁。

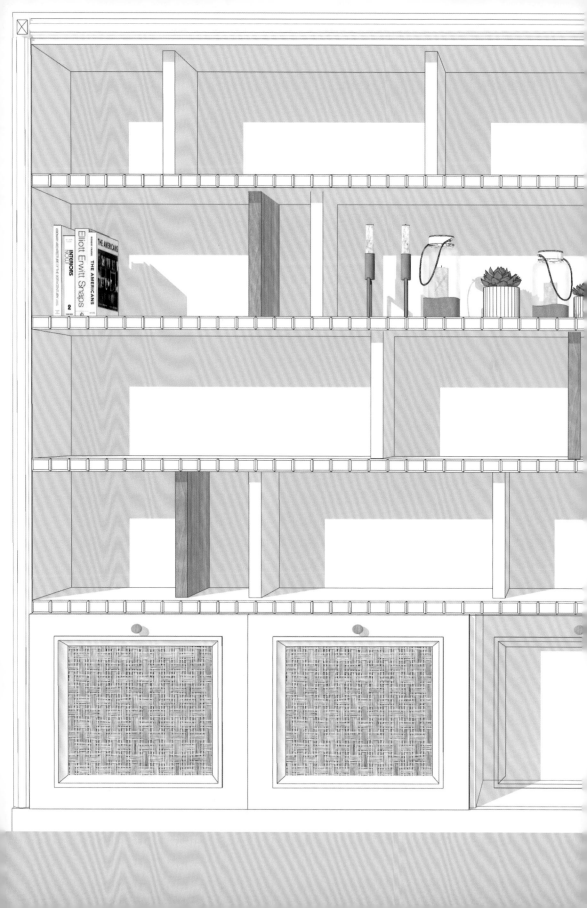

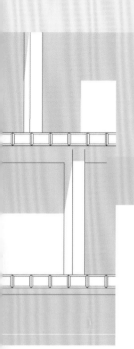

第二章

定制柜体对空间格局的优化

　　定制柜体通常在家居空间中占据较大的面积，最主要的功能是承担家居生活中的收纳任务。在设计定制柜体时，除了考虑收纳功能，还应通盘考虑空间的整体格局，充分挖掘柜体的其他功能，例如通过巧妙安排柜体的位置，分隔空间，修饰畸零角落，优化空间的动线和轴心。

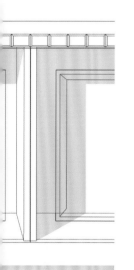

一、空间区域界定与动线调整

定制柜体通常体量较大，且形态比较方正，因此具有空间隔断的作用，可以当成间隔墙来使用，对空间中的大面积区域进行分区，以及理顺和调整空间的动线。相对于实体墙来说，柜体所塑造的墙面，灵活性更高，且具备一定的储物功能。

1. 定制柜体为开敞式玄关创造缓冲空间

家是给人安全感的地方，家居空间对于私密性的要求较高。但是在部分户型中，玄关为开敞式，入门动线过于直接，没有缓冲空间，一进门或者在门外就能将室内的情况一览无余，令居住者感到尴尬。这个问题可以通过定制玄关柜来解决。

◀ 柜体尺寸图

L 型玄关柜的分区明确，不仅将衣物和鞋子的区域进行了精细划分，而且有藏有露的形式更具视觉变化。

备注：此柜体的层板厚度为 20mm。

实景图 ▶

材质应用：多层实木板

表面工艺：喷漆

入门处设置了悬空的定制柜，可以成功阻隔和引导来客的视线，且形成一个具有完备储物功能的区域。另外，悬空式处理的柜体使空间保留了一定的通透感，不会过于沉闷。

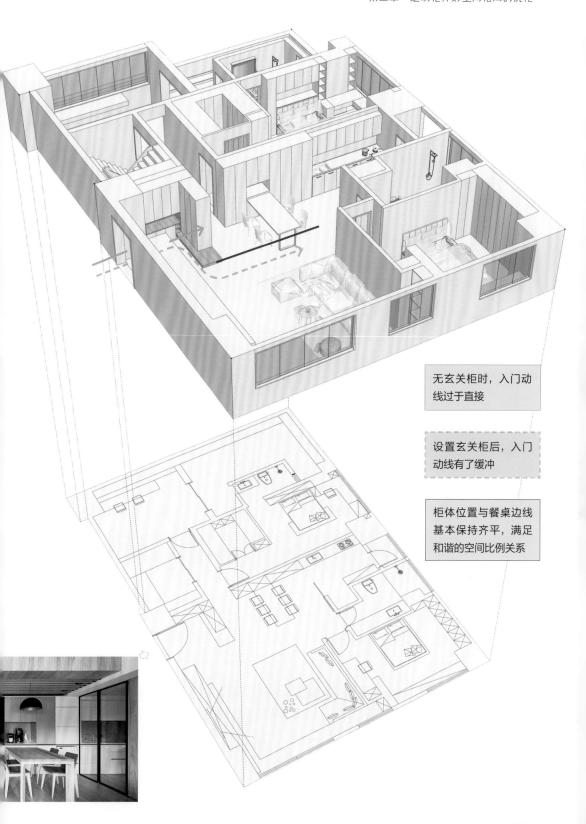

无玄关柜时，入门动线过于直接

设置玄关柜后，入门动线有了缓冲

柜体位置与餐桌边线基本保持齐平，满足和谐的空间比例关系

2. 定制柜体制造室内的洄游动线

虽然直线形的动线方便明快、节省空间，但也缺少空间的变化性、趣味性。在进行定制柜体设计时，可以根据空间的特性规划出环形动线，环形动线和直线动线有机结合能增强家居生活中空间转换的趣味性。

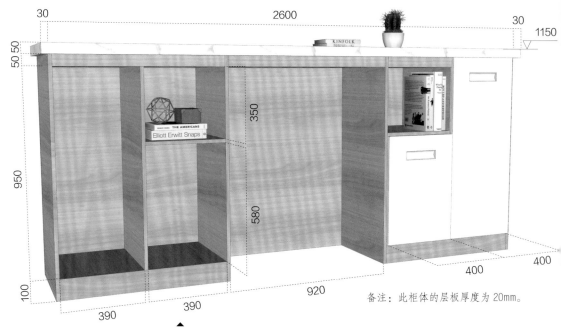

备注：此柜体的层板厚度为 20mm。

柜体尺寸图

餐边柜的高度为 1150mm，适合作为吧台使用。内部宽 390mm 的柜格，可以按需收纳一些不常用的物品。

实景图▶

材质应用：多层实木板
表面工艺：喷漆

原始户型的客厅面积较大，在设计时，利用定制半隔断柜分隔出客厅和餐厅两个区域，让两个空间隔而不断。同时，半隔断柜本身还可以兼做吧台，丰富了空间的功能性。

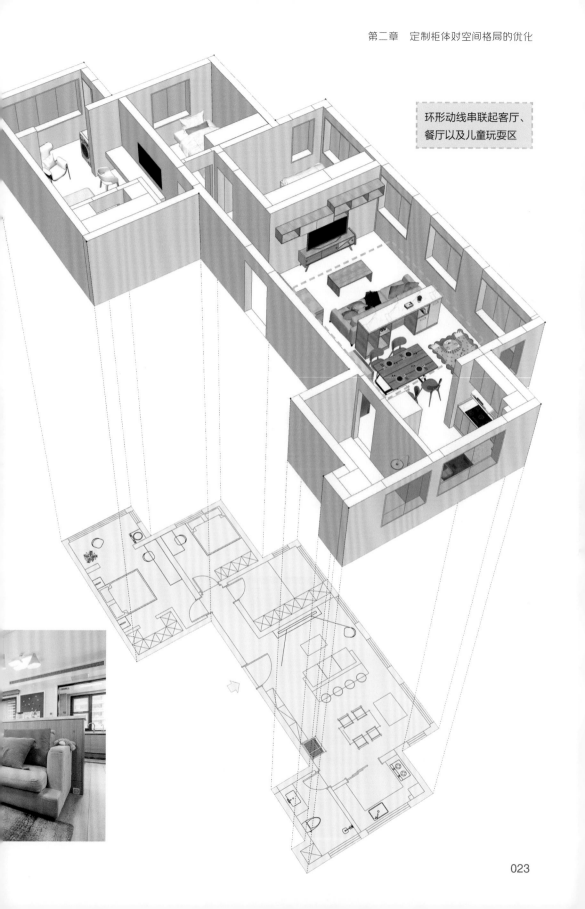

环形动线串联起客厅、
餐厅以及儿童玩耍区

3. 定制斜面柜打造蜿蜒动线，增加空间趣味

　　在室内设计时，除了横平竖直的区域界定，有时也会打造折线空间和曲线空间。这样的空间造型可以带来视觉上的丰富性，同时也形成了蜿蜒的动线，令居住者感受到更多的生活趣味。

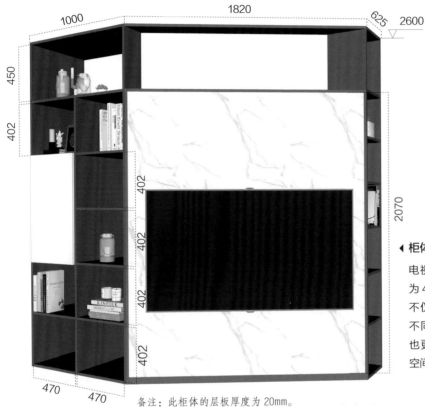

◀ 柜体尺寸图

电视柜的柜格高度分别为402mm和450mm，不仅能够根据需要摆放不同的物品，在视觉上也更具跳跃感，增加了空间的生动性。

备注：此柜体的层板厚度为20mm。

实景图 ▶

材质应用：密度板
表面工艺：喷漆

本案例切割出厨房的一角，设计了与电视背景墙一体式的定制柜，折线的造型，加上有藏有露的立面，充满视觉趣味。这样的设计，将客厅规划出电视休闲和儿童娱乐两个区域，极大地提升了空间的利用率。

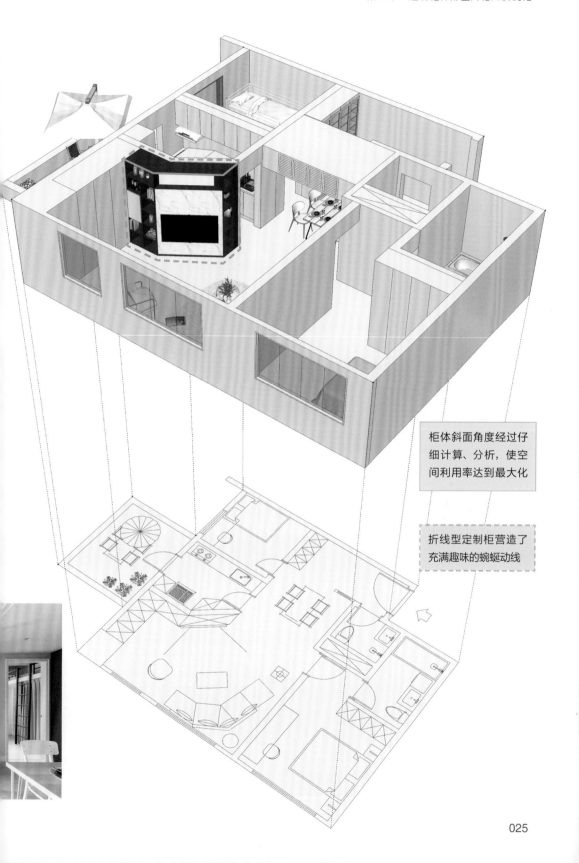

柜体斜面角度经过仔细计算、分析，使空间利用率达到最大化

折线型定制柜营造了充满趣味的蜿蜒动线

4. 梯型定制柜体隐藏梁柱，改变入室动线

在一些户型空间中存在无法拆除的梁柱，非常影响空间格局的规划。弱化梁柱常见的方法通常是在梁柱处砌隔断墙，将梁柱整合在墙中。我们可以将隔断墙换成定制柜体，将梁柱包裹在柜中。利用柜体，在隐藏梁柱的同时，也能改变空间轴心，令空间比例更协调，动线规划更合理。

柜体尺寸图▶

定制电视柜的两侧柜格呈均匀对称式排列，具有视觉平衡感。410mm 的高度不仅能够摆放下大部分书籍，而且也可以放置花瓶、工艺品等。

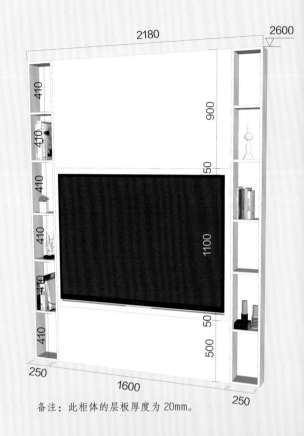

备注：此柜体的层板厚度为 20mm。

实景图▶

材质应用：密度板
表面工艺：喷漆

将作为隔断的定制橱柜设置成电视背景墙，同时具备视听、隔断、收纳功能。同时，隔而不断的形式还不会影响室内的采光。

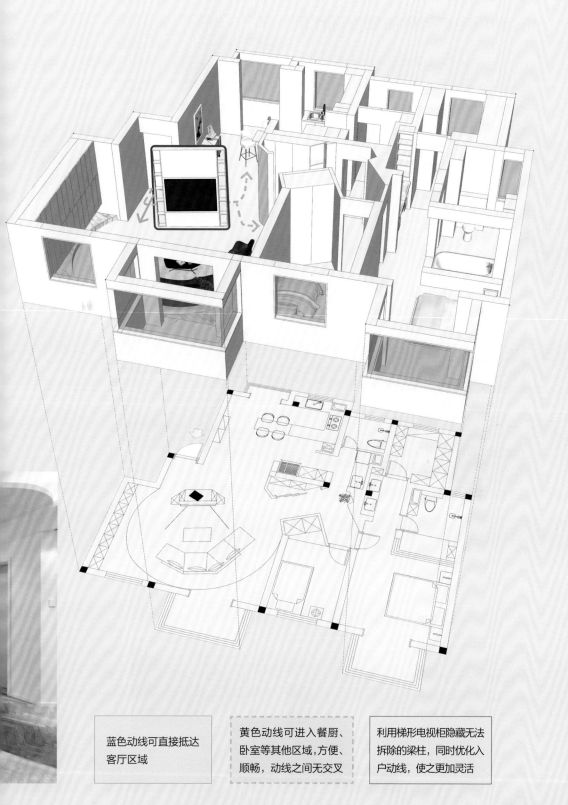

蓝色动线可直接抵达
客厅区域

黄色动线可进入餐厨、
卧室等其他区域，方便、
顺畅，动线之间无交叉

利用梯形电视柜隐藏无法
拆除的梁柱，同时优化入
户动线，使之更加灵活

5.利用定制柜体协调空间比例

我们会经常遇到家居空间的格局、比例不尽如人意的情况，需要拆除或改造墙面来进行改善，但承重墙不可随意拆除，或者居住者不想对墙面进行大的拆改，这时，可以在原有隔墙的基础上，施作定制柜体，延长或调整墙体，使室内空间的比例得到改善，营造新的空间格局，令居住环境更加舒适并富有个性。

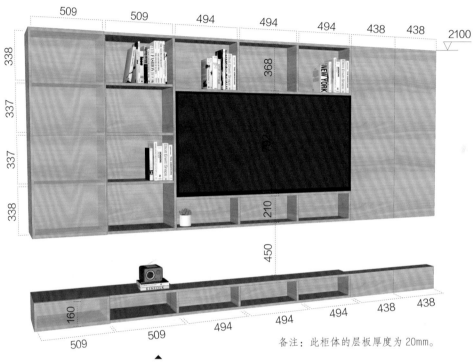

备注：此柜体的层板厚度为20mm。

▲
柜体尺寸图

电视柜分为上下两部分，上半部分的柜格高度有多种尺寸，可以按需收纳书籍等物品。下半部分的柜格高度为160mm，可以收纳票据等零碎物品。

实景图▶

材质应用：多层实木板
表面工艺：喷漆

在电视背景墙定制收纳柜，并适当延伸出部分柜体，不仅可以收整空间线条，优化空间比例，而且增加了收纳空间。

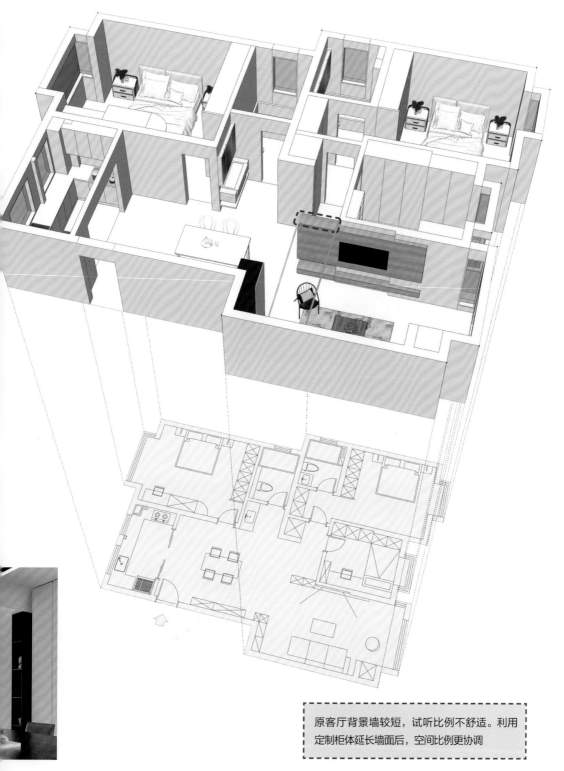

原客厅背景墙较短，试听比例不舒适。利用定制柜体延长墙面后，空间比例更协调

6. 单面采光的空间，可利用玻璃隔断柜分区

在一些单面采光的小户型中，若利用实体墙进行分区，会遮挡光线，形成晦暗的空间或角落。这种情况下，可以考虑用玻璃隔断柜来进行空间分隔，无论是公共区在窗一侧，还是卧室在窗一侧，都能使整个空间受到光照，避免出现阴暗的区域。

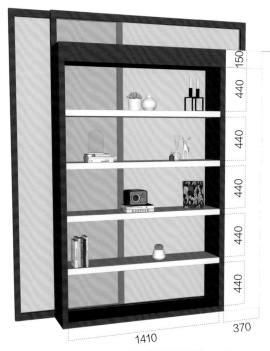

2600

150
440
440
440
440
440

1410   370

◀ 柜体尺寸图

定制玻璃柜体被划分 5 层，每层的高度在均为 440mm，可以按个人喜好来摆放工艺品，以增加空间的格调。

备注：此柜体的层板厚度为 50mm。

实景图▶

材质应用：颗粒板、玻璃
表面工艺：喷漆

利用玻璃隔断柜结合拉门的形式，围合出卧室区域，即使将卧室门拉合，光线也可以透过隔断柜抵达空间中的其他区域。同时，隔断柜上还可以摆放一些装饰品，用以提升空间的美观度。

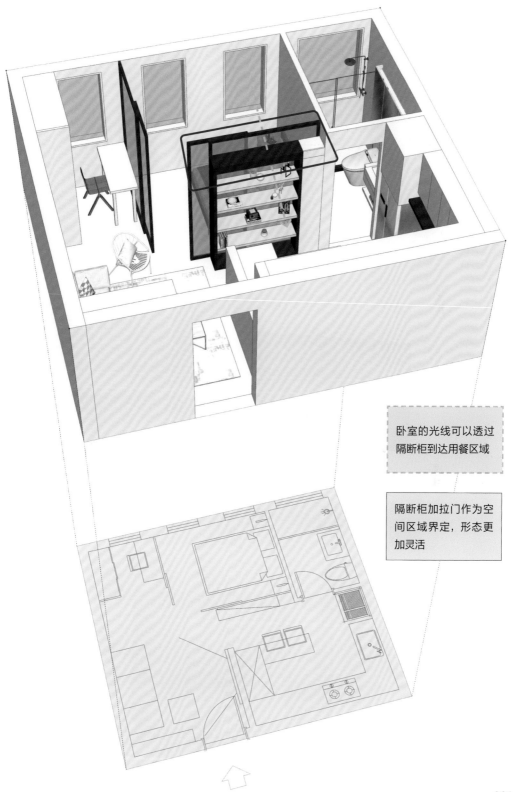

卧室的光线可以透过隔断柜到达用餐区域

隔断柜加拉门作为空间区域界定，形态更加灵活

7. 多面柜可以明确界定相邻空间的分区

多面柜同时利用柜体 2 个以上的侧面。这样的柜体可以被相邻的两个空间同时使用。利用多面柜来划分空间区域，能最大化地利用空间，特别适合小户型。在具体的设计中，需要根据两个空间的功能需求和布局形式来规划柜体的形态与分区。

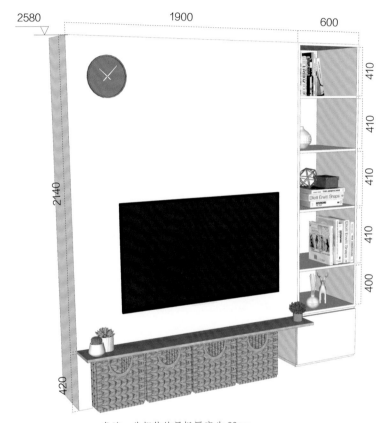

◀ **柜体尺寸图**

电视柜的一侧被分为 400mm、410mm 两种高度的柜格，可以用来收纳书籍等不同的物品，也可以用来摆放装饰品。

备注：此柜体的层板厚度为 20mm。

实景图 ▶

材质应用：密度板
表面工艺：喷漆

卧室与客厅之间利用定制多面柜进行分隔，柜子面向卧室的一侧主要用来收纳储物；面向客厅的一侧作饰面处理作为电视壁，同时结合隔板、侧柜、抽屉，以及收纳筐来为客厅增加收纳空间。

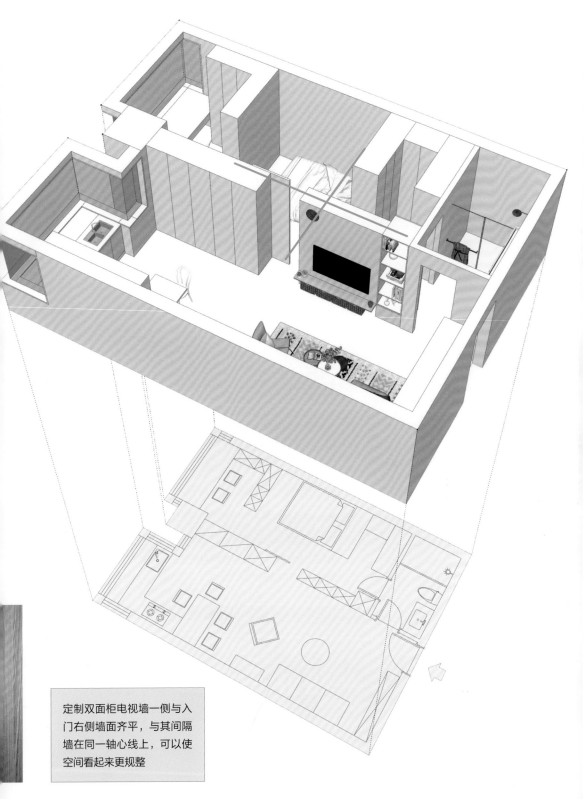

定制双面柜电视墙一侧与入门右侧墙面齐平，与其间隔墙在同一轴心线上，可以使空间看起来更规整

二、调整不规则空间的视觉效果

大体量的定制柜体还具有矫正空间的功能。在一些不规则空间或者具有畸零角落的空间，可以根据空间形状设计柜体外形，填补畸零角落，得到规整的空间。

1. 利用定制柜体得到规整的空间格局

当室内空间不是规整的方形平面。在设计时，一般会根据空间形状来定制柜体的外形，以此规整空间线条，使空间在视觉上成为完整的方形平面。

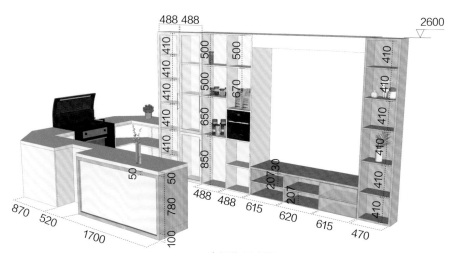

备注：此柜体的层板厚度为20mm。

◀ **柜体尺寸图**

根据空间平面形状来规划 U 型橱柜的形状，内部的柜格被划分得十分细致，不仅有收纳日常厨房用品的区域，也设置了850mm×488mm的高柜区，可以用来放置调料品推拉篮。

实景图▶

材质应用：密度板

表面工艺：喷漆，仿木纹贴面

定制橱柜规整了不规则空间的线条，同时利用干净的白色和木色作为空间的主要配色，再搭配少量黑色进行调剂，大幅提升了空间的通透感，同时加强了开放式空间与整体空间的融合度。

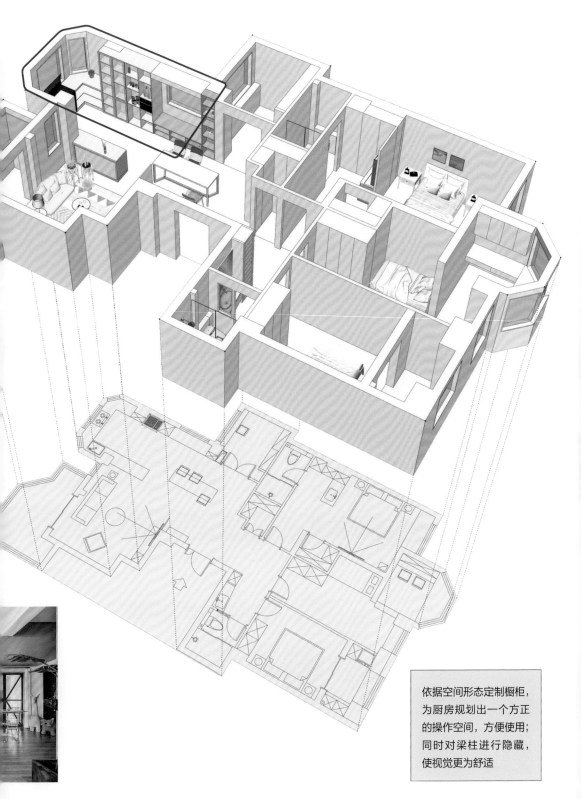

依据空间形态定制橱柜，
为厨房规划出一个方正
的操作空间，方便使用；
同时对梁柱进行隐藏，
使视觉更为舒适

2. 以柜体线条修饰不规则空间的尖角

　　有些户型会带有一些不规则空间，常见的是相邻两个墙面产生的尖角，造成视觉和空间使用上的不舒适。遇到这种情况时，可以利用定制柜体填补不规则空间。常见的方式是利用柜体将墙面拉平，有时也可以根据空间特点来定制柜体的形态，形成更丰富的视觉空间。

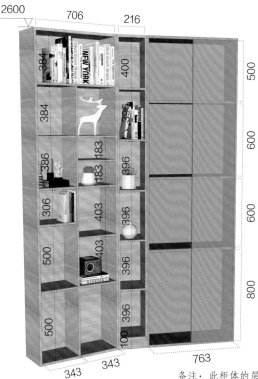

◀ **柜体尺寸图**

定制柜体有藏有露的形式，以及开放式柜格的尺寸不一，都丰富了视觉效果，使空间更具灵动性。

备注：此柜体的层板厚度为 20mm。

实景图▶

材质应用：多层实木板、颗粒板
表面工艺：仿木纹贴面

客餐厅的尖角区域定制了组合柜体，不仅修饰了原先的畸零空间，减少了视觉上的边边角角，给人带来舒适的视觉感受，而且增加了空间的收纳区。

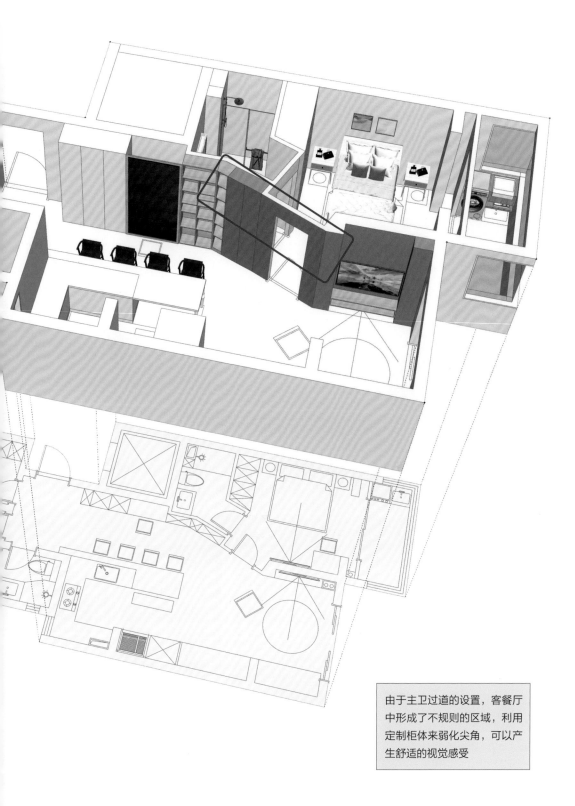

由于主卫过道的设置，客餐厅中形成了不规则的区域，利用定制柜体来弱化尖角，可以产生舒适的视觉感受

3. 分割柜体，完善小面积、不规则空间的使用功能

针对一些面积小又不规则的空间，除了要考虑利用定制柜体来拉平空间，塑造舒适的视觉效果之外，还应重点考虑柜体的设计能否满足空间所应具备的功能性需求。在进行设计时，只有将美观性与实用性相结合，才能提供舒适的居住体验。

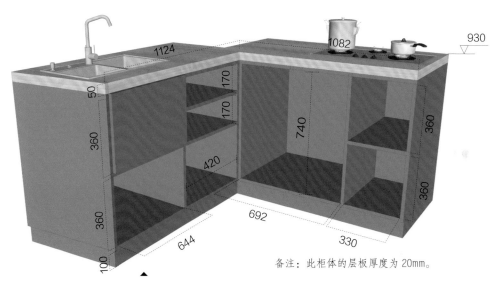

备注：此柜体的层板厚度为20mm。

▲ 柜体尺寸图

橱柜的柜格被划分为 644mm×360mm、420mm×170mm、420mm×360mm、692mm×740mm，以及 330mm×360mm 等多种类型，可以分门别类地收纳厨房用品。

实景图 ▶

材质应用：胡桃木
表面工艺：喷漆

不规则阳台被分为两部分，其中 L 型橱柜是负责主要操作的厨房区域。吧台一侧的餐边柜是另一部分橱柜，可以用来收纳饮品、小食等。

定制橱柜对斜向窗户和突出的梁柱
进行了收整，划定出的空间区域在
视觉上规整了许多

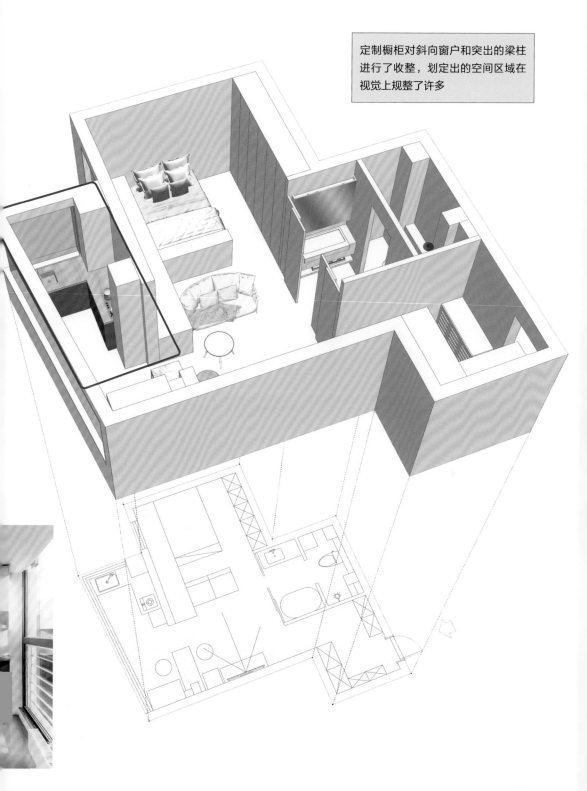

4. 善用柜体深度变化，增加不规则空间的收纳力

对不规则空间进行柜体设计时，在考虑利用柜体形状拉平空间，形成稳定的方形空间之外，还要根据柜体内部不一样的深度精细规划不同的收纳功能，确保柜体空间能被充分利用。例如，柜体中较深的区域可以用来收纳衣物，较浅的收纳格可以放置小件物品。

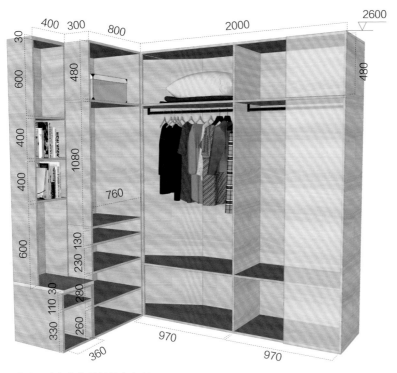

备注：此柜体的层板厚度为 20mm。

◀ **柜体尺寸图**

衣柜被分为被褥区、叠放区，以及长衣区等不同收纳功能的区域，可以根据需要收纳衣物。另外，还设置了360mm×400mm、360mm×600mm两种开放式柜格，很好地调剂了柜体的整体面貌。

实景图 ▶

材质应用：颗粒板
表面工艺：仿木纹贴面

利用直线条的橱柜规整畸零空间，同时根据不同的深度来设置不同的收纳功能，包括开放式柜格、封闭衣柜等，充分利用柜体空间。

尖角区域斜向摆放睡床，且连带转角书桌、衣柜做一体式设计，增强小空间的使用率和收纳力

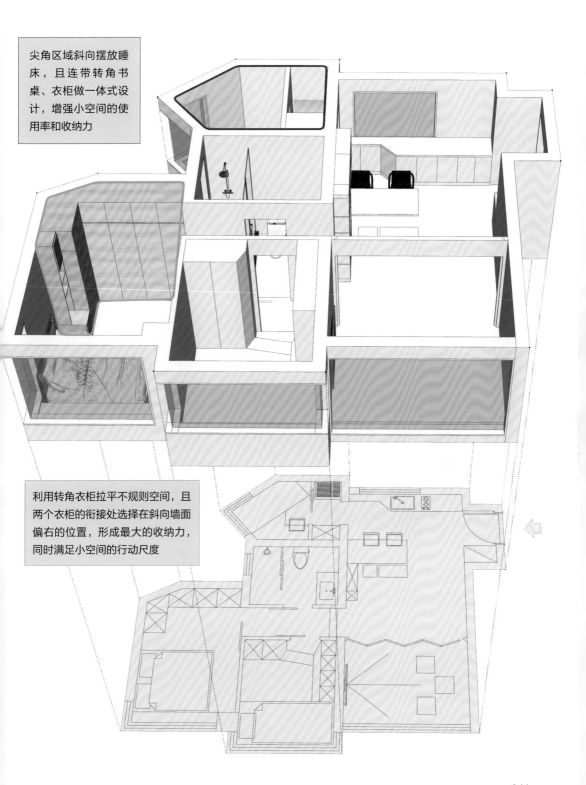

利用转角衣柜拉平不规则空间，且两个衣柜的衔接处选择在斜向墙面偏右的位置，形成最大的收纳力，同时满足小空间的行动尺度

三、弥补空间在收纳上的不足

对于一些小户型，或者对收纳功能有较高要求的家庭来说，定制柜体可以非常有效地弥补家居空间在收纳上的不足。除了在常用的功能空间中定制柜体，用以收纳与之相关的物品之外，过道、阳台等空间也可以设置柜体。另外，在设计时还可以考虑将柜体嵌入墙体，不仅可以打造出轻盈的视觉感，还可以有效节约空间。

1. 整墙式设计，创造无死角的收纳空间

将定制柜体做整墙式设计，可以大幅提升空间的收纳能力。此种设计手法通常适合一些面积不大，但对收纳需求较高的家庭。

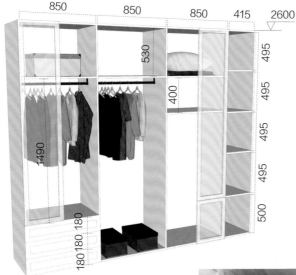

◀ 柜体尺寸图

衣柜的分区明确，设定出棉被区、叠放区、长衣区、短衣区 4 个空间，可以将物品进行合理地归类收纳。另外，还加入了抽屉设计，可以用来放置内衣、袜子等小物件，方便拿取。

备注：此柜体的层板厚度为 20mm。

实景图 ▶

材质应用：颗粒板
表面工艺：喷漆

3m 长的整墙式定制衣柜是卧室中最亮眼的设计，由于看不到厚重的柜体侧面，因此拉长了空间的进深感，使空间看起来更显完整、统一。

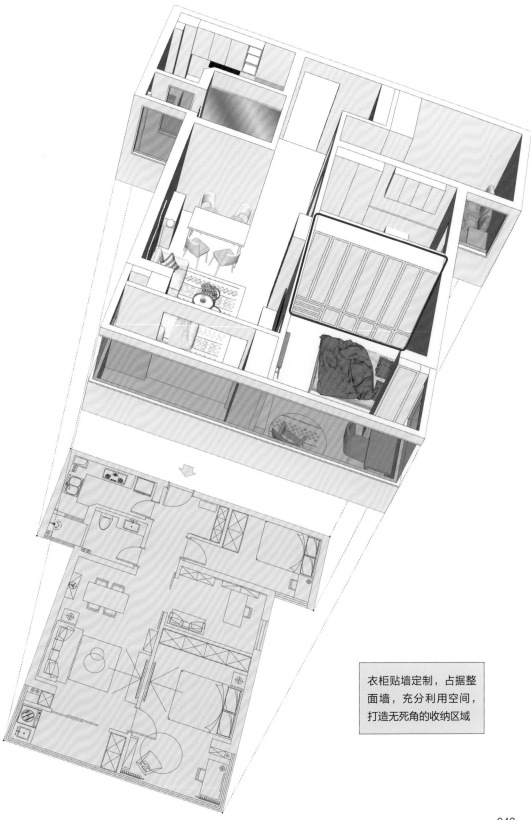

衣柜贴墙定制，占据整面墙，充分利用空间，打造无死角的收纳区域

2. 嵌入式柜体，既满足收纳功能又节省空间

遇到一些较厚的非承重墙时，可以考虑将定制柜体做嵌入式设计，不仅能够满足收纳功能，而且不会额外占用室内空间。对于空间中一些较厚的墙柱，也可以使用这个设计手法。

◀ **柜体尺寸图**

定制柜体很好地利用了空间，不仅设置了抽屉、收纳柜等区域，且单独辟出一个 670mm×600mm 的区域用来放置嵌入式烤箱。同时，还根据居住者的需求预留出冰箱区。

备注：此柜体的层板厚度为 20mm。

实景图 ▶

材质应用：颗粒板

表面工艺：喷漆

定制柜体从玄关开始，经过餐厅，一直延伸到客厅，复合了鞋柜、换鞋凳、嵌入式冰箱、嵌入式微波炉、电视柜，以及储物格、储物柜等诸多功能区域，虽然形式复杂，但在白色的整合下，显得干净又利落。

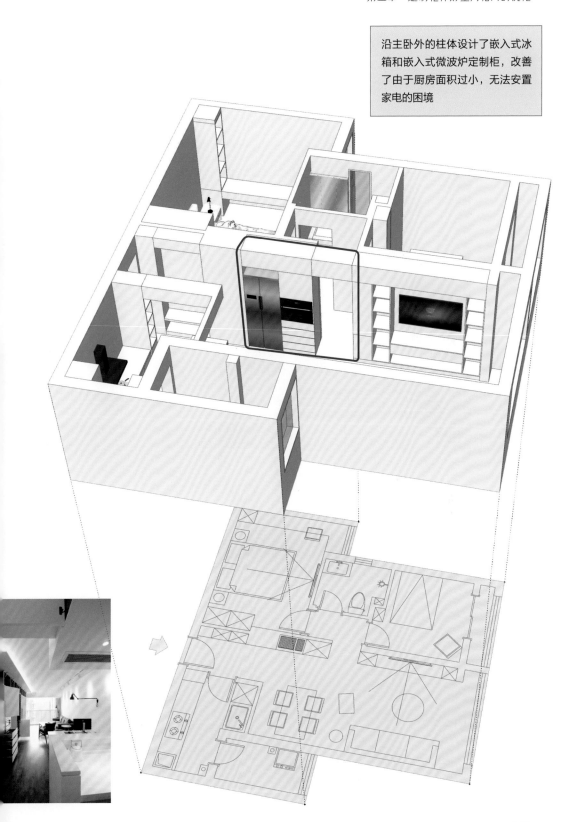

沿主卧外的柱体设计了嵌入式冰箱和嵌入式微波炉定制柜，改善了由于厨房面积过小，无法安置家电的困境

3. U 型组合柜，令玄关的储物空间翻倍

　　如果户型的面积富裕，且拥有一些零碎空间，不妨利用 L 型或 U 型定制柜将其单独规划为储物区，用于对家中的物品进行集中收纳。

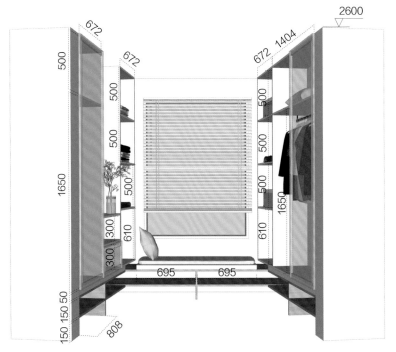

◀ **柜体尺寸图**

依空间面积定制的柜体拥有强大的收纳功能。不仅可以用来收纳衣物，而且 672mm × 1650mm 的区域还可以用来收纳吸尘器等清洁用品。

备注：此柜体的层板厚度为 20mm。

实景图 ▶

材质应用：颗粒板
表面工艺：喷漆

鞋帽区没有做封闭处理，显得更加宽敞、明亮。同时将柜体与卡座结合设计，增加了空间的使用功能。

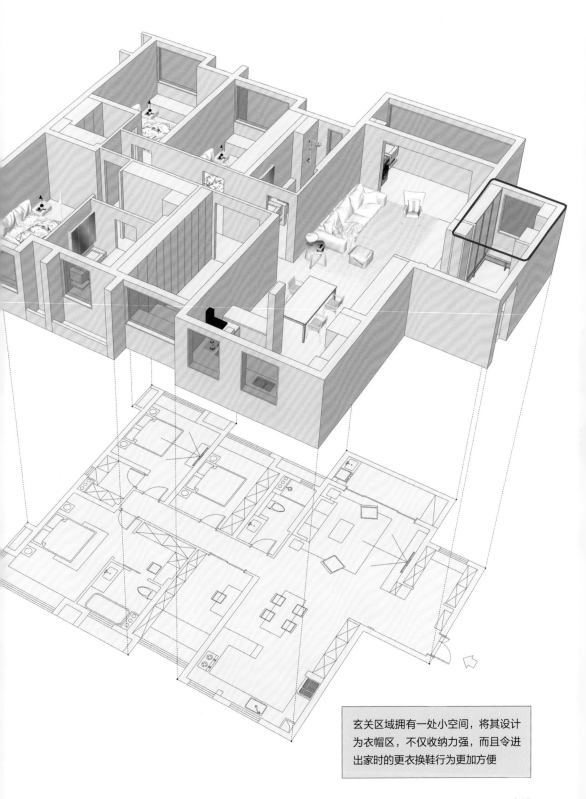

玄关区域拥有一处小空间，将其设计为衣帽区，不仅收纳力强，而且令进出家时的更衣换鞋行为更加方便

4. 半屋榻榻米 + 组合柜，小户型"好好收"

对于小户型来说，不仅希望拥有足够的收纳空间，同时也希望拥有完备的空间功能。因此，在设计定制柜体时，应将收纳力与功能性相结合，最有效的方式之一为：将榻榻米和柜体进行组合设计。

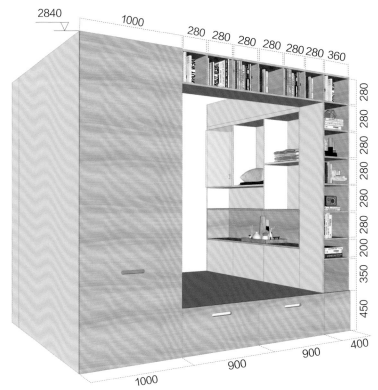

◀ **柜体尺寸图**

半屋式榻榻米 + 组合柜体，收纳能力惊人，且对不同收纳区域进行了精细化的尺寸设定。能够收纳衣物、换季用品、书籍等多种类型的物品。

备注：此柜体的层板厚度为 20mm。

实景图▶

材质应用：颗粒板
表面工艺：仿木纹贴面

榻榻米及其组合柜的色彩为白色和木色相间，既干净、通透，又温馨、舒适。即使设计了数量较多的抽屉、柜格，以及柜门，也不会显得繁杂。

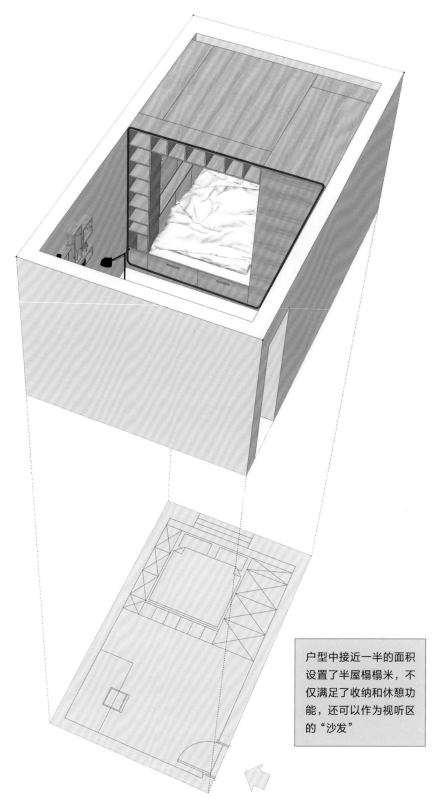

户型中接近一半的面积设置了半屋榻榻米，不仅满足了收纳和休憩功能，还可以作为视听区的"沙发"

5. 集中收纳，令小户型公区最大化

在小户型中，为了让公共空间面积最大化，应尽量集中收纳，即遵循"小户型集中收纳，大户型分散收纳"的原则。这样做的原因是，小户型的面积有限，集中收纳可以释放更多的公共空间，且方便整理。而在大户型中，则可以根据物品的使用频率和应用场景来进行分散收纳，这样做的好处是取用更便捷。

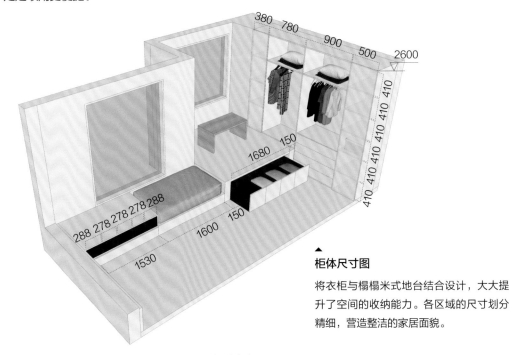

▲
柜体尺寸图
将衣柜与榻榻米式地台结合设计，大大提升了空间的收纳能力。各区域的尺寸划分精细，营造整洁的家居面貌。

备注：此柜体的层板厚度为20mm。

实景图▶

材质应用：颗粒板
表面工艺：喷漆

利用有限的面积在客厅一侧划分出一个多功能空间，既可以作为临时的客房，也可以作为茶室使用。同时，在这个区域中，定制了大面积的榻榻米及衣柜，令空间的收纳能力大幅提升。

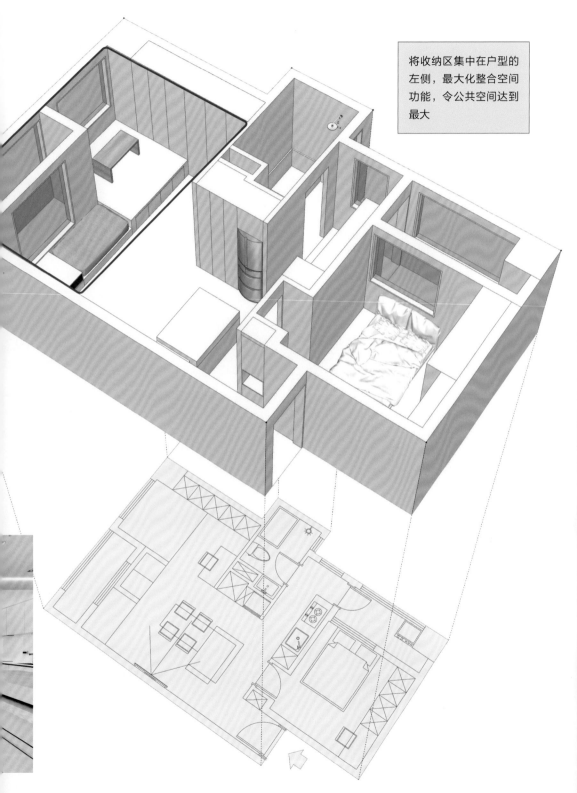

将收纳区集中在户型的左侧，最大化整合空间功能，令公共空间达到最大

第三章

不同功能空间 的柜体设计

住宅空间一般包括玄关、卧室、客厅、厨房、卫生间等不同的功能空间，满足居住者不同的使用需求。在进行定制柜体设计时，应结合空间的功能性考虑柜体的外部形态以及内部分区，满足不同空间的使用需求。

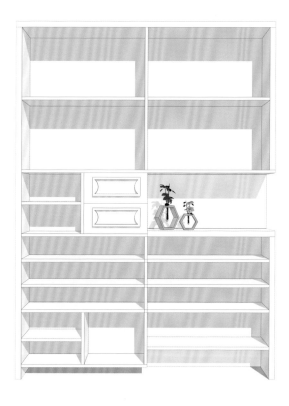

一、玄关柜体设计

玄关是衔接室内与室外的过渡性空间，也是迎送宾客的地点。设置于玄关的柜体承担着换鞋、放置物品、引导进入、阻隔视线、保持室内私密性等重要作用。在定制玄关柜体时，应该明确收纳的物品种类，以及不同物品的放置位置。

1. 玄关柜的形态：玄关柜、玄关鞋帽间

玄关的面积大小有别，甚至有些住宅没有特别设置玄关。因此，在进行玄关柜体定制时，应先明确玄关柜的位置，以及家中需要收纳的物品数量，再结合玄关面积来考虑做何种造型的玄关柜，对于一些面积较大的玄关，也可以考虑做一个小型的玄关鞋帽间。

1200~1500

600~1000

基础版

经典两段式玄关柜

适宜宽度：600 ~ 1000mm

适宜面积：玄关面积应不低于2.7m²

适合场景：主要作用为鞋柜，上柜可收纳换季鞋，下柜可收纳当季鞋，中间可随手放置钥匙等小物件

带换鞋凳与挂衣区的玄关柜

升级版

适宜宽度：1200 ~ 1500mm

适宜面积：玄关面积适宜在 4.8m² 以上

适合场景：加入了换鞋凳，使用起来更加方便、舒适；挂衣区能够悬挂进门后需要脱掉的外衣

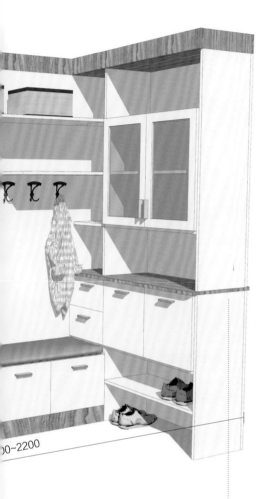

00~2200

高配版

可以作为小型衣帽间的玄关柜

适宜宽度：1400 ~ 2200mm

适宜面积：玄关面积适宜在 8m² 以上

适合场景：收纳分区更加细致，除了可以收纳鞋子、衣服，也可以根据需要收纳一些非应季的或者不常用的物品

小贴士

玄关常见布局

一字型布局

特点：最常见，一般墙位于入户门的两侧

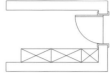

墙体之间距离小于1500mm，只能在单侧设计一组进深为350mm的玄关柜

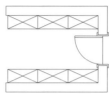

墙体之间距离大于1500mm且入户门位置居中，则可在双侧定制玄关柜

L 型布局

特点：进门第一眼看到墙体

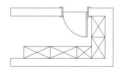

可以设置 L 型的柜体，深度可以做到 350mm

开放式布局

特点：即无玄关的格局，通常打开入户门就是客厅或餐厅

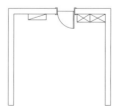

可在入户门左右侧沿墙定制玄关柜，令空间显得更开阔

可利用玄关柜做个小隔断，阻挡视线；一般情况下柜体和入户门之间要留有≥1m的距离

2. 结合空间收纳需求做好玄关柜分区

通常情况下，玄关柜收纳的物品主要是各种类型的鞋，有些家庭也会在此收纳一些外出时使用频率较高的衣服、帽子、围巾等。对于一些面积较大的玄关，还会收纳生活辅助用具，如吸尘器、扫地机器人等；也可以存放孩子的滑板车、外出旅行箱、购物推车、换季物品等。另外，一些热爱运动的家庭，还可将球拍、球类等体育用品收纳在此。

玄关鞋柜的尺寸标准

① 鞋柜高度：鞋柜上下层板的间距一般为 160mm，但考虑到鞋子的高度各有不同，可以考虑使用可活动的层板，便于根据实际需求自由调整。

② 鞋柜深度：通常为 350~400mm，350mm 深度可平放 45 码以内的鞋，深度达到 400mm 时，可以放下普通鞋盒。如果玄关深度不足，可采用斜式层板设计，深度可调整为 200mm。

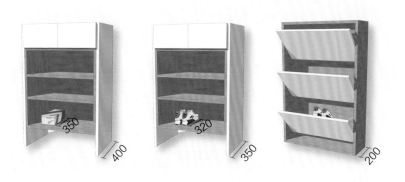

小贴士

柜体模块推荐尺寸

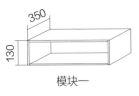

模块一

可放普通运动鞋、拖鞋、平底鞋等

模块二

可放短靴、长靴等

模块三

可悬挂衣物，或放清洁工具等

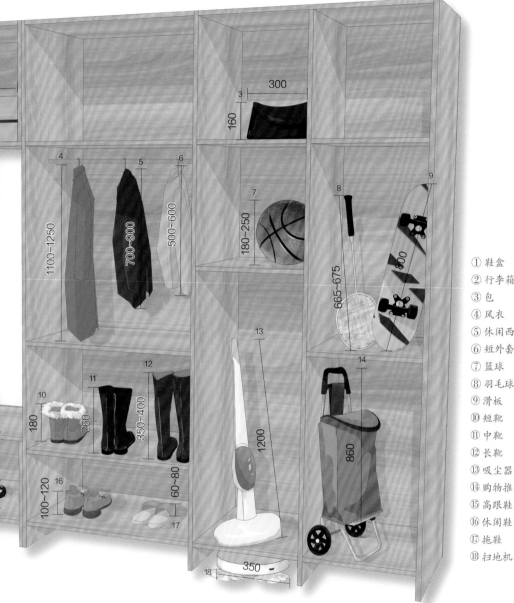

① 鞋盒
② 行李箱
③ 包
④ 风衣
⑤ 休闲西服
⑥ 短外套
⑦ 篮球
⑧ 羽毛球拍
⑨ 滑板
⑩ 短靴
⑪ 中靴
⑫ 长靴
⑬ 吸尘器
⑭ 购物推车
⑮ 高跟鞋
⑯ 休闲鞋
⑰ 拖鞋
⑱ 扫地机器人

模块四

换鞋凳的常见高度，大部分人坐上后比较舒适

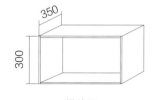

模块五

开放格子，主要放钥匙或小摆件

模块六

抽屉，可放零碎的物品，高度在 150~200mm 就够

拓展阅读

玄关通行间距与活动尺寸

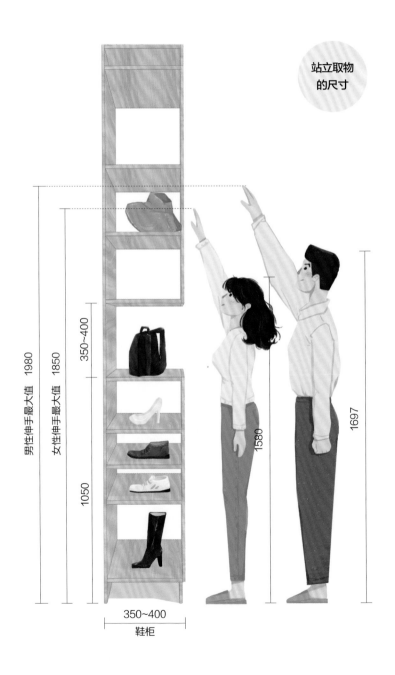

站立取物
的尺寸

350~400

1050

350~400

≥ 1200

通道的尺寸

玄关的宽度一般在600~1200mm之间，如果要玄关设置玄关柜等家具，那么过道的宽度需要在900mm以上。

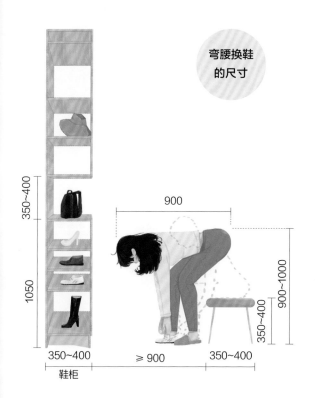

弯腰换鞋的尺寸

900

900~1000

350~400

350~400

1050

350~400

≥ 900

350~400

鞋柜

蹲下取物的尺寸

900~1000

350~400

≥ 900

案例分析（1）

有藏有露的两段式悬空玄关柜

1 玄关柜上半段 660mm 的柜格可以收纳短款衣物，150mm 的柜格可以收纳其他不常用的杂物。

2 中间开放部分设置了450mm 的高度，并且用内嵌的灯具照亮，为空间增添光线。

3 玄关柜下半段 150mm 的柜格收纳平底鞋，490mm 的柜格收纳长靴。

4 玄关面积较小，为了减少拥挤感，特地没有将玄关柜的高度做到顶，而是做成了2500mm 的高度。

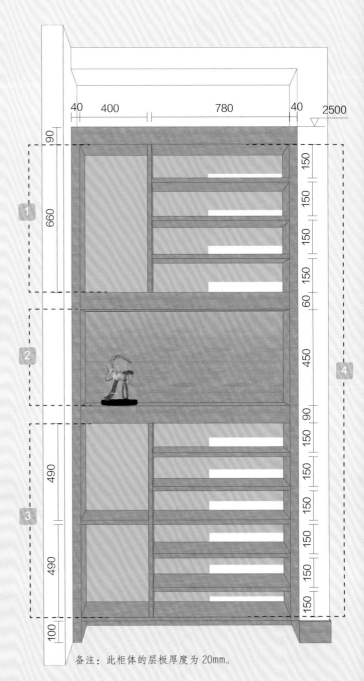

备注：此柜体的层板厚度为 20mm。

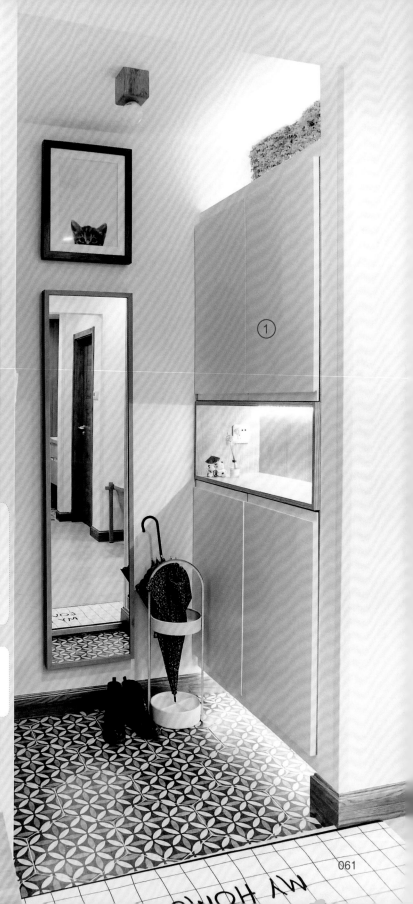

配色

用干净的白色作为玄关柜的主色，与整体环境搭配和谐，白色是膨胀色，同时也具有放大小空间的功效。

材料

① 木工板基层、木纹饰面板

• 案例分析（2）

集美感与实用为一体的 C 型玄关柜

配色

白色木饰面装饰石膏线，用细节体现精致感，搭配金色五金则强化了柜体的品质感。

材料

① 白色混油木饰面板

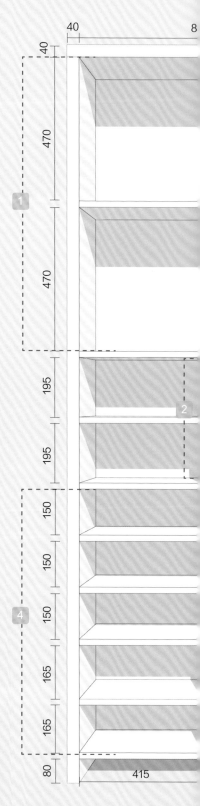

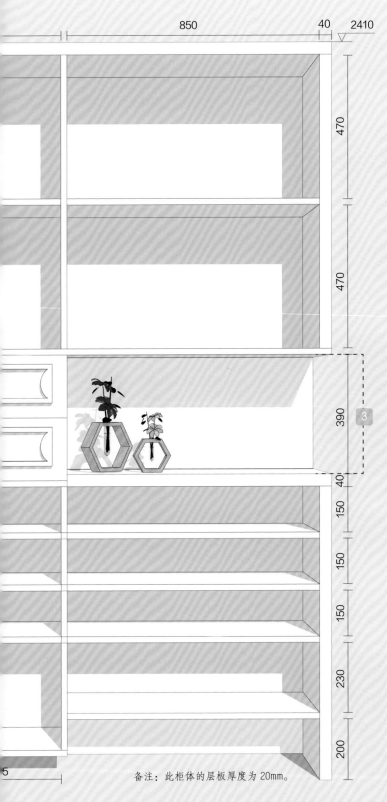

850　　40　2410

470

470

390

40

150

150

150

230

200

1 柜体上部统一预留 4 个 470mm 高的格子区，方便存放体积较大的被褥等。

2 两层高 195mm 的抽屉，可以用来收纳零碎的小物品。

3 柜体中间留出 390mm 高的开放格，用来收纳或展示装饰品。1m 的台面高度基本与女性的胳膊肘齐平，方便随手放置一些进出门时使用的小物品，如钥匙。

4 柜体下部分预留出 150mm、165mm 和 230mm 高度不等的柜格，满足不同高度的鞋物的收纳需求。

备注：此柜体的层板厚度为 20mm。

• 案例分析（3）

通顶式 L 型玄关柜

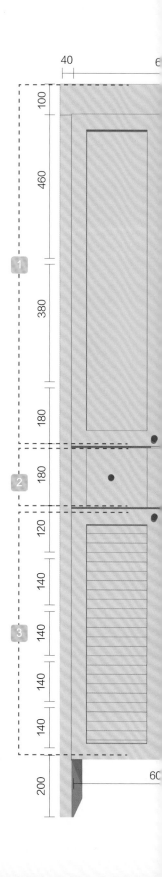

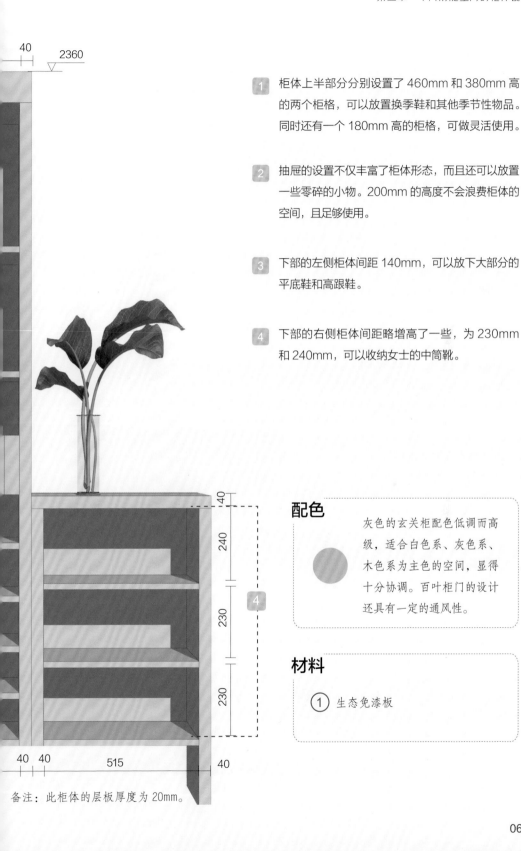

备注：此柜体的层板厚度为 20mm。

1 柜体上半部分分别设置了 460mm 和 380mm 高的两个柜格，可以放置换季鞋和其他季节性物品。同时还有一个 180mm 高的柜格，可做灵活使用。

2 抽屉的设置不仅丰富了柜体形态，而且还可以放置一些零碎的小物。200mm 的高度不会浪费柜体的空间，且足够使用。

3 下部的左侧柜体间距 140mm，可以放下大部分的平底鞋和高跟鞋。

4 下部的右侧柜体间距略增高了一些，为 230mm 和 240mm，可以收纳女士的中筒靴。

配色

灰色的玄关柜配色低调而高级，适合白色系、灰色系、木色系为主色的空间，显得十分协调。百叶柜门的设计还具有一定的通风性。

材料

① 生态免漆板

案例分析（4）

带换鞋凳的玄关柜

1　柜体的左侧为两段式，上半部分分别设置了 150mm、230mm、275mm，以及400mm 高的柜格，可以根据需要收纳换季的鞋子。

2　左侧柜体的下半部分则可以用来摆放当季的鞋子，其中宽为 850mm 的柜格容量较大，可以放下 16 双日常穿的鞋子。

3　底部预留了 150mm 的高度，可以摆放日常换穿的平底鞋和拖鞋。

4　560mm 宽，520mm 高的柜格可以横向放置下两个 20 寸的行李箱，适合出行较频繁的家庭。

5　1350mm 的开放式挂衣区，可以用来悬挂外出时的衣物，方便、实用。

6　换鞋凳的高度为 450mm，大部分人坐上之后大腿与地面平行，比较舒适。

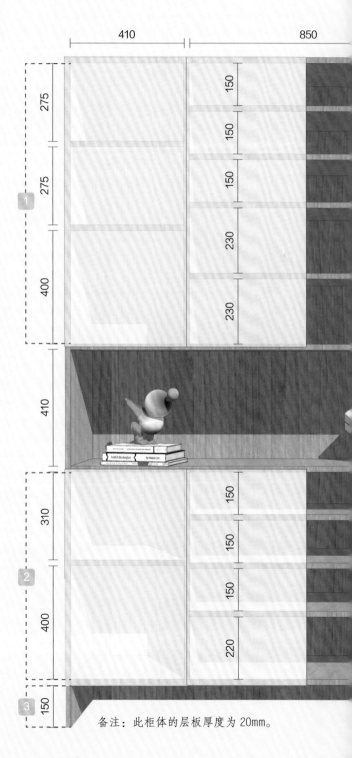

备注：此柜体的层板厚度为 20mm。

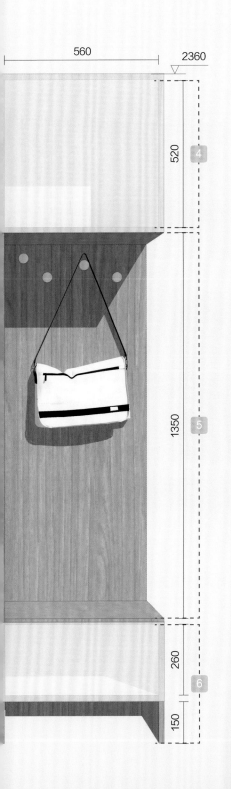

560　　2360

520　④

1350　⑤

260　⑥

150

配色

白色的柜门与木色的板材搭配，自然、温馨，与整体家居空间的清新格调相适宜。

材料

① 白色混油木饰面板

② 密度板

• 案例分析（5）

顶天立地式大容量玄关柜

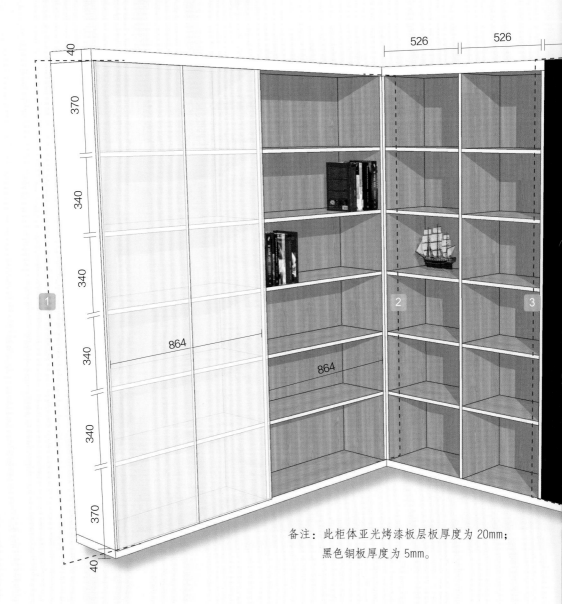

备注：此柜体亚光烤漆板层板厚度为 20mm；
黑色铜板厚度为 5mm。

1 将转角柜的一边的柜格设置成适合摆放书籍的尺寸，存放家中大量的书籍。

2 由于玄关柜的容量非常大，除了鞋子之外，也可以摆放一些其他不常用的物品。

3 部分柜体没有做柜门，作为开放式的柜格，高度不一，可以收纳不同高度的物品。

580　　200　　328　　2280

配色

经典的黑白配色柜体，搭配硬朗的直线条，呈现出简洁利落的现代感。

材料

① 白色亚光烤漆板

② 黑色铜板

4　柜门朝向入户门方向开启，且柜格的尺寸高低有别，适合摆放常穿的尺寸不一的鞋子。

二、客厅柜体设计

客厅是居住者会客的开放场所，也是一家人日常的休闲放松区，使用频率很高，因而定制柜体的功能配合是否合理，直接影响到空间使用者生活的舒适程度。通常来说，客厅的定制柜体主要是位于电视背景墙的柜体，在设计时需考虑清楚居住者的收纳习惯。

1. 客厅收纳柜是家居风格走向的主宰

客厅设计是家居空间中的大工程，引导整体家居风格和品位的走向。而电视墙面作为客厅中最主要的视觉焦点，更是设计的重中之重。对于一些小户型来说，电视墙会舍弃一些实用性较低的造型设计，而倾向于定制一面简洁实用的收纳柜。客厅中，客厅电视墙收纳柜在面积上占据绝对优势，因此在色彩和选材上应仔细考量。

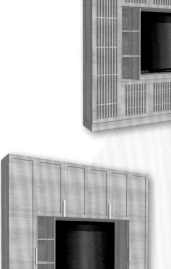

柜体外观设计步骤

第一步

选材　柜体的基层材质常用密度板、指接板等，除了基材，还需要重点考虑定制柜体的表面工艺，其中常见的手法是贴面和混油。

第二步

选色　作为公共空间，客厅应该尽量营造通透明亮的感觉，因此作为占据视觉面积较大的收纳柜，在视觉上应选择具有膨胀感的明亮色彩，其中白色最佳，浅木色也是不错的选择，可以提升空间的温馨感。

简约风格

第三步

丰富细节　柜体可以通过添加丰富的细节来彰显居室风格，例如，加入精美的装饰线条可以令原本平淡无奇的柜体变身优雅的法式风，或者利用金色把手来提升柜体的精美感等。

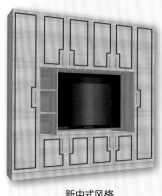

新中式风格

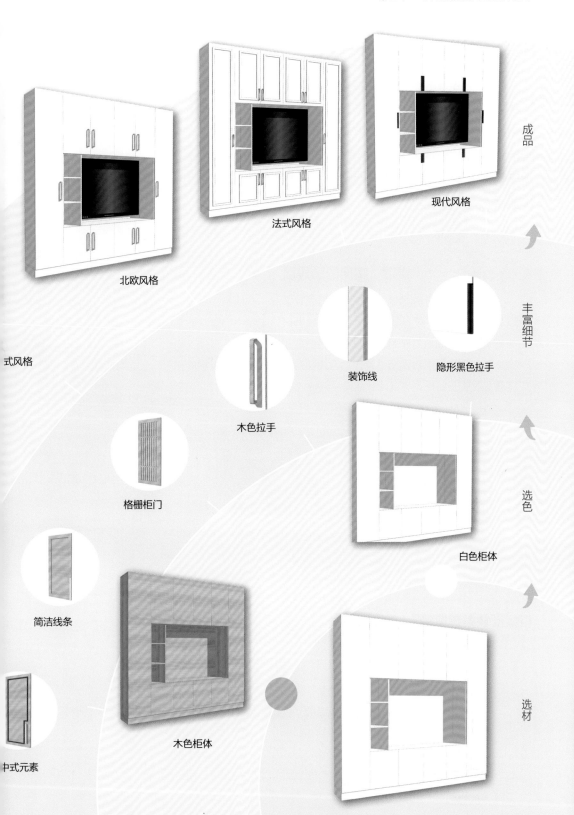

北欧风格

法式风格

现代风格

成品

丰富细节

装饰线

隐形黑色拉手

木色拉手

格栅柜门

简洁线条

白色柜体

选色

木色柜体

中式元素

选材

式风格

2. 结合空间收纳需求做好电视柜分区

客厅是全家人活动的公共区域，通常用来收纳全家的公共物品。设计定制电视柜时，需要结合电视柜的主要使用诉求来划分柜体的区域。通常来说，电视柜收纳的物品主要有视听产品、个人的喜好物及纪念品、各类需要保留的纸质单据，以及药品等全家人都会用的生活必备品，对于一些没有书房的家庭，往往还会将书籍存放在此。另外，在定制柜体时，最好能预留20%的备用空间。

灵活、实用的抽屉区

在条件允许的情况下，客厅收纳柜建议多做一些抽屉，高度可以为15~18cm。很多零碎的小物件，如卷尺、胶带、钥匙、剪刀等更适合放于抽屉内作隐藏式收纳，也更便于分类管理；另外，一些纸质的单据、电器说明书等也适合用抽屉收纳；还有不少家庭会将药品收纳在此处。可以配合抽屉分隔板或收纳盒使用。

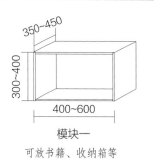

▲ 电视柜抽屉收纳图示

小贴士

柜体模块推荐尺寸

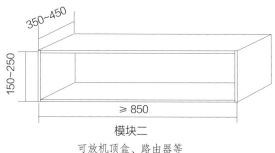

模块一
可放书籍、收纳箱等

模块二
可放机顶盒、路由器等

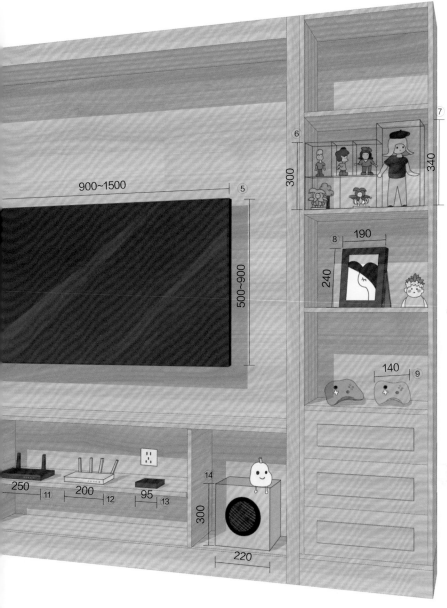

① 医药箱
② 书籍
③ 杂志
④ 文件夹
⑤ 电视
⑥ 组合手办
⑦ 单个手办
⑧ 相框
⑨ 手柄游戏机
⑩ 玩具收纳箱
⑪ 调制解调器（光猫）
⑫ 路由器
⑬ 机顶盒
⑭ 音响

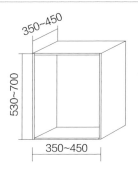

模块三

可收纳一些体积较大、较高的物品

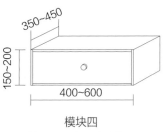

模块四

抽屉，可放零碎的物品

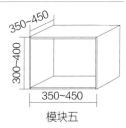

模块五

可做成开放式柜隔，放置手办等收藏品

3. 合理的视听距离是电视柜的规划重点

在规划电视墙定制柜时，应结合电视的尺寸预留出相应柜格的尺寸，然后根据墙体尺度规划其他的柜格。其中非常关键的一点是根据空间的视听距离来选择合适的电视机尺寸。

小贴士

电视收纳柜需要考虑插座的安装

电视收纳柜通常会在电视机下方做一个开放式格子，用来放置机顶盒、路由器等设备，在这个开放格子里需要设置 3~5 个插座。需要注意，插座与下面的台面至少要留有 5cm 的间距，方便电线弯折。另外，考虑到美观度的需求，插座最好直接安装在柜体的背板上。

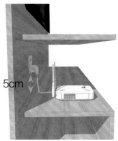

开放式格子中留有插座的位置，方便使用

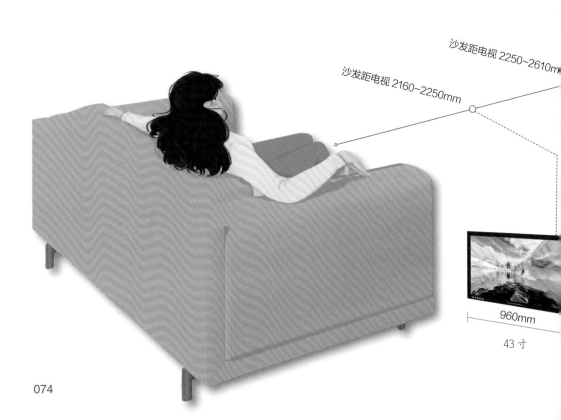

沙发距电视 2250~2610mm

沙发距电视 2160~2250mm

960mm

43 寸

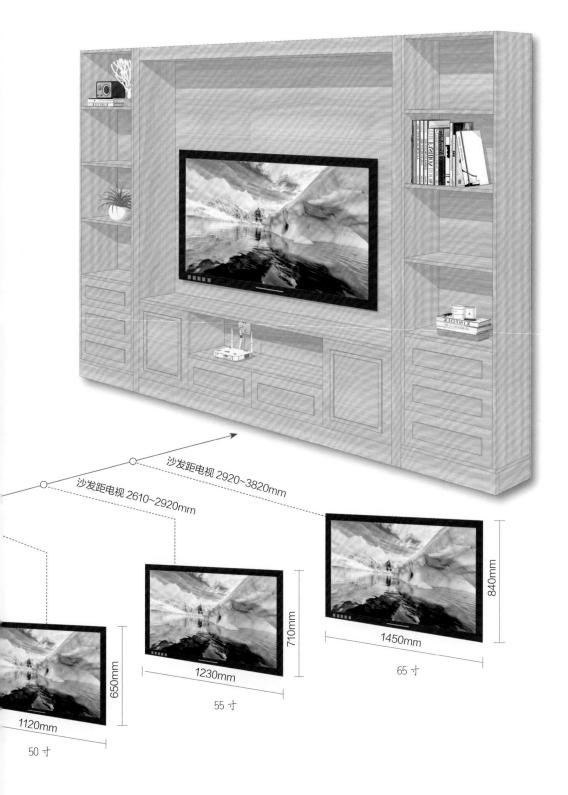

沙发距电视 2920~3820mm

沙发距电视 2610~2920mm

840mm

1450mm

65 寸

710mm

1230mm

55 寸

650mm

1120mm

50 寸

4. 拓展电视柜的多元化功能

随着互联网的发展，人们的生活方式也产生了很大的改变，越来越多的家庭放弃了传统的电视柜形式，取而代之的是功能更为多元化的形式。也就是说，如今的客厅定制柜不再只是简单的电视柜，还需要满足居住者的个性化、多元化的需求，应具备多种功能属性。

▲ 将房子形态融入收纳柜，为孩子提供玩耍空间

▲ 投影幕布取代电视，观影效果更佳

▼ 大体量的收纳柜替代了原本的电视柜，大幅提升空间的收纳能力

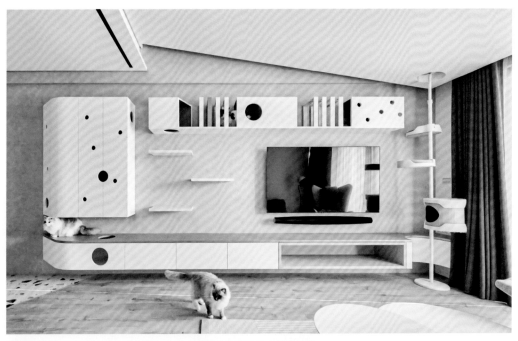

⌃ 将收纳柜和猫咪玩耍的通道结合设计，满足养猫家庭的个性化需求

⌃ 原本电视柜的位置被设计为小型"图书馆"，书架前的投影幕布代替电视，适合没有书房的家庭

⌃ 卡座取代电视柜，加强客厅的聚会功能

⌃ 舍弃电视柜，做有藏有露的书柜设计，干净又实用

⌃ 结合电视柜来收纳手办，极具装饰效果

• 案例分析（1）

收纳功能强大的客厅电视柜

1 整个柜体视觉上被分成了两段，上段设置了 11 个高度为 290mm 的和 5 个高度为 240mm 的柜格，且安装了柜门，可以将家中的物品分门别类地进行收纳。

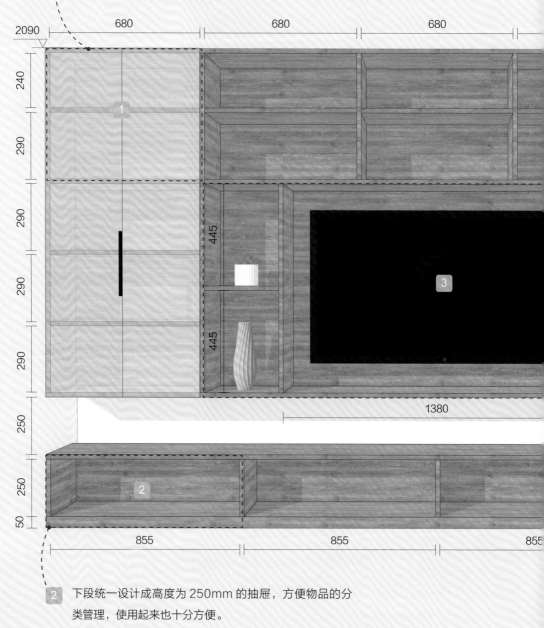

2 下段统一设计成高度为 250mm 的抽屉，方便物品的分类管理，使用起来也十分方便。

680

240

290

290

290

290

855

配色

上下段的柜体使用了不同色彩的柜门，白色与原木色的搭配，带来简约、温暖感觉的同时，又具有较丰富的视觉层次。

材料

① 白色混油饰面多层板

② 木色双饰面多层板

电视顶柜中间预留 1380mm×910mm 的开放格来悬挂电视，并在其两边设置了 5 个小柜格摆放装饰品，分区合理，且具有一定的装饰性。

备注：此柜体的层板厚度为 20mm。

案例分析（2）

与飘窗相连的大容量客厅收纳柜

配色

柜体采用原木色、浅灰色，以及白色进行搭配，给人带来简约、清爽的视觉感受。

材料

① 灰色双饰面多层板

② 木色双饰面多层板

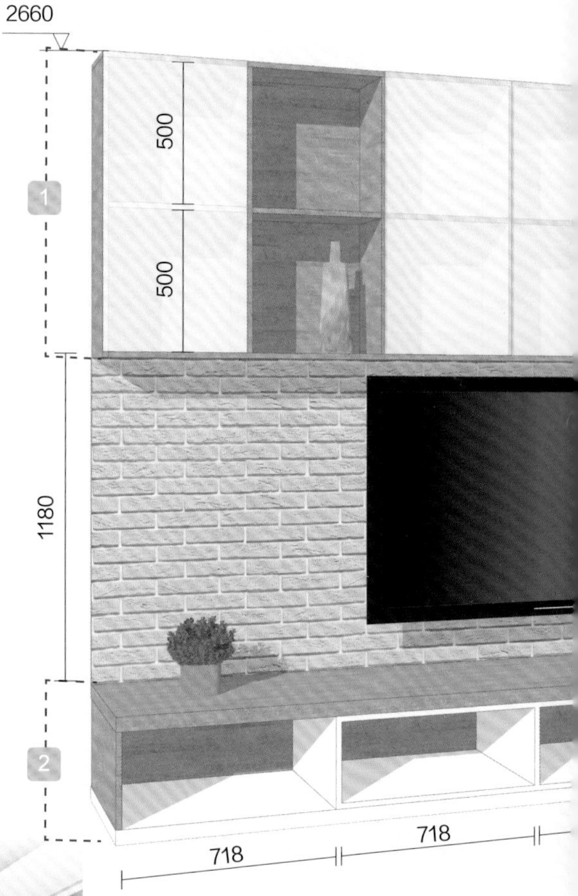

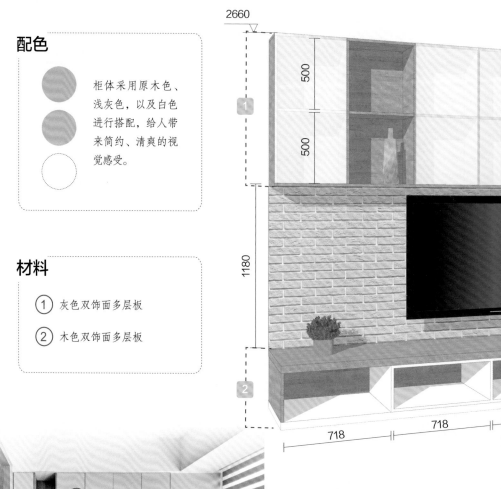

2660
500
500
1
1180
2
718
718

1
2

1 为了能充分利用空间增加收纳能力，电视顶部做了两层 500mm 高的柜格，有藏有露的形式，赋予空间灵动感。

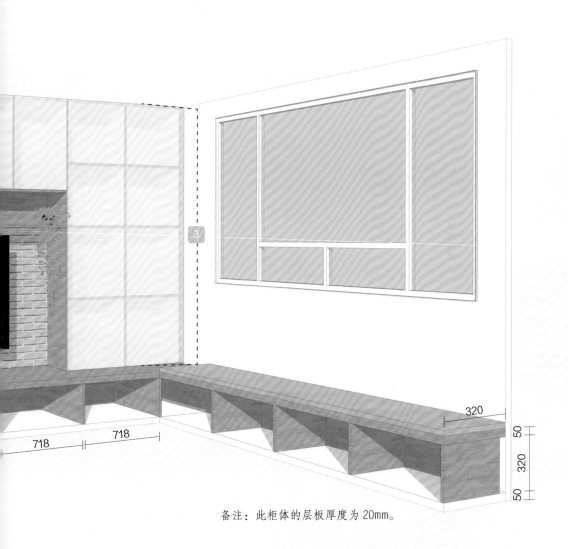

718　　718

320

50

320

50

备注：此柜体的层板厚度为 20mm。

2 电视柜底部做了高 320mm 的
柜格，与转角飘窗的高度保持一
致，令空间更具整体性。

3 最右侧的封闭柜门内分隔
出 8 格柜格，分区收纳更
简洁。

• 案例分析（3）

适合展示手办的定制柜

544　　544

460

250

260

260

260

250

30

456

544　　544

1 定制电视柜顶部设置了 4 个宽 544mm 的柜格，可以根据家庭中的收纳需要，放置体积略大的物品。

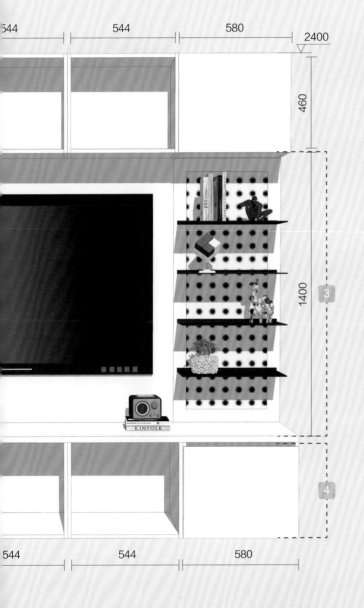

544 544 580
2400
460
1400
3
4
544 544 580

配色

电视柜的主色为白色，结合利落的线条，给人带来整洁的视觉感受，即使摆放上色彩和造型丰富的手办，也不会显得杂乱。再用黑色作为隔板和内嵌式柜格的色彩，增加了柜体的稳定感。

材料

① 白色亚光烤漆多层板

② 黑色烤漆多层板

备注：此柜体的层板厚度白色18mm，黑色20mm。

2 电视柜侧边做内嵌式柜格，将喜爱的手办摆放在这里，集收纳和装饰为一体。

3 开放式的层板，用于展示喜爱的手办，也方便更换和清洁。

4 电视柜底部柜格和顶部规格大小保持一致，看起来规整、利落，且调整为抽屉的形式，令物品拿取更加便捷。

• 案例分析（4）

对称布局的装饰性客厅定制柜

配色

电视柜面积较大且使用了蓝色，在白色系的客厅中十分显眼，电视墙刷成淡淡的灰色，和两侧柜体的蓝色形成清爽的色彩搭配，成为整个客厅的视觉中心。

材料

① 蓝色亚光木饰面

② 白色亚光木饰面

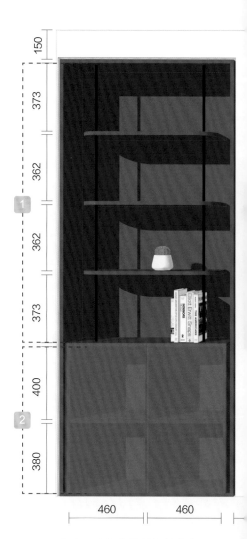

备注：此柜体的层板厚度为20mm。

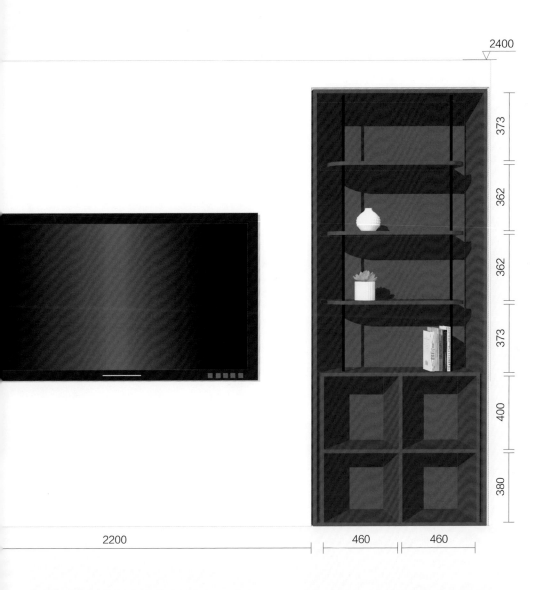

1 开放的柜格中，安装了黑色钢管，显得更有造型感，搭配装点其中的工艺品，增强了空间的艺术性。

2 封闭式的柜体下部，可以收纳一些常用的药品、票据等零碎物品。

• 案例分析（5）

为猫咪预留玩耍空间的客厅定制柜

配色

木色的电视柜温暖、自然，在白色的背景衬托下，能让人感受到家居的温馨。

材料

① 亚光木纹饰面板

1 柜体被平均分割成 24 个 300mm×300mm 的正方形柜格，可以用来摆放书籍和装饰品。这样的电视柜设计适合对收纳需求不高的家庭。

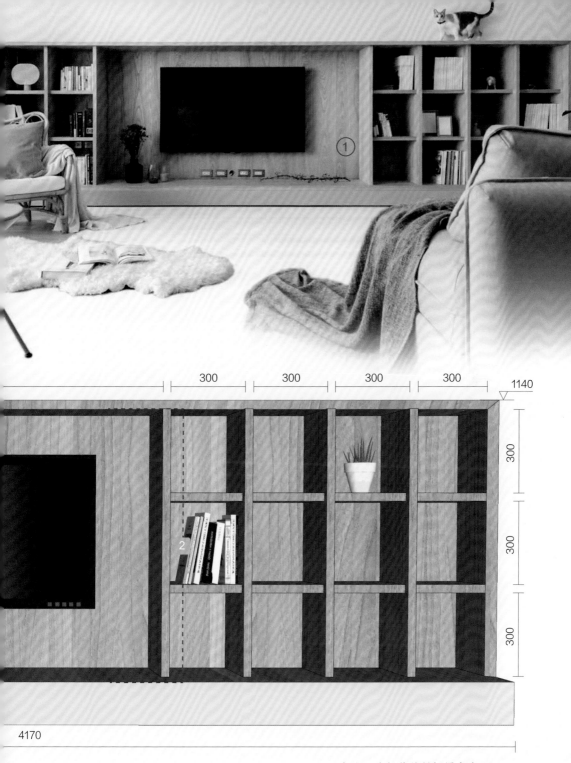

备注：此柜体的层板厚度为30mm。

2 定制电视柜没有做整墙设计，且高度只有1140mm，看似没有合理利用空间，但实际上却是为了贴合居住者的需求。电视柜顶部的空间为家中的猫咪提供了活动、玩耍的区域，高度较低的电视也迎合了一家人喜欢席地而坐看电视的习惯。

• 案例分析（6）

用细节营造精致感的客厅定制柜

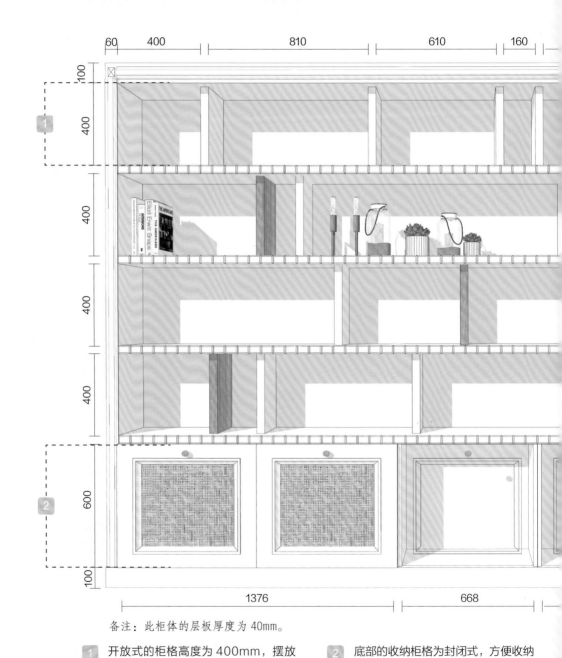

备注：此柜体的层板厚度为 40mm。

1 开放式的柜格高度为 400mm，摆放工艺品和书籍均十分合适。每个柜格的横向宽度不一，带来视觉上的变化。

2 底部的收纳柜格为封闭式，方便收纳一些零碎小物，以及家中的日用品。

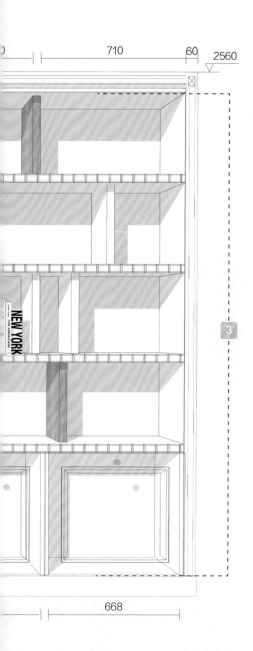

710 60 2560

668

配色

奶白色的柜体框架与空间柔和的色调相契合，柜门中藤黄色的材质与金色的把手将精致感体现到极致。

材料

① 白色亚光木饰面

② 大芯板

③ 网格芯板

③ 定制柜体的高度为 2560mm，利用装饰线条凸显精致感。另外，在吊顶安装了投影幕布，没有预留电视的位置。

三、餐厅柜体设计

我国家庭住宅的餐厅大多布局较为紧凑，餐桌上物品的摆放覆盖率会达到 40% 以上，因此定制具有储物空间的餐边柜十分必要，可以用来收纳餐盘、杯具、酒水饮料等，不仅方便用餐时拿取，在一定程度上也能减轻厨房的储物压力。

1. 使用需求和空间大小决定餐边柜的形态

总体来说，餐边柜的主要功能是解决餐桌的收纳压力。但不同的家庭，餐边柜的使用需求会略有不同，因为很多家庭会为餐厅注入用餐以外的其他功能。有时餐桌也是临时的办公桌，这时餐边柜就要充当书架；有品酒需求的家庭，餐边酒柜就更加适用；一些年轻态的家庭，更喜欢将餐边柜设计成迷你水吧……尽管餐边柜的设计形态多样，但大小都应与餐厅面积相符，其色彩也要与餐厅整体色彩相协调。

"平行式"摆放：餐桌和餐边柜之间需要预留 1.2m 以上的距离

"T字形"摆放：餐边柜和餐桌之间零距离，省空间，方便拿取

小贴士

餐边柜和餐桌的摆放形态

餐边柜和餐桌的摆放形式常见的有"平行式"和"T字形"两种。平行式布局在拿取餐边柜上摆放的物品时需要起身，使用上有一定的不便利性；而 T 形布局餐桌和餐边柜是"零距离"的，可将用餐时的多余器具随手放置在餐边柜上，拿取顺手，并且较节省空间。

⬥ 面积有限的餐厅，转角设计卡座，上部设计吊柜，充分利用空间，不显拥挤。但应注意，吊柜底部应与卡
　座座面之间至少留有 1.25m 的距离，才不容易碰头

⬥ 喜欢品酒的家庭，可以在餐边柜中单独设
　置放红酒的区域

⬥ 资深咖啡爱好者家中的餐边柜更像是咖啡文化展示柜，极
　具个性和品位

⬥ 一些没有单独书房的家庭，餐桌也可以作
　为工作台以及孩子的学习桌使用，相应的
　餐边柜可以适当考虑藏书功能

2. 结合空间收纳需求做好餐边柜分区

餐边柜涉及收纳的物品主要包括以下几类。① 用餐的常用物品：如杯盘碗盏、餐匙刀叉等餐具，以及用餐时经常用到的调料。② 缓解厨房收纳压力的小电器、锅具等，如吃火锅专用的电火锅，吃烤肉专用的电烤炉等。③ 酒类和酒具。④ 办公用品：有时餐桌也是临时办公桌，餐边柜就会设计书籍、文具、办公用品等的收纳位置。

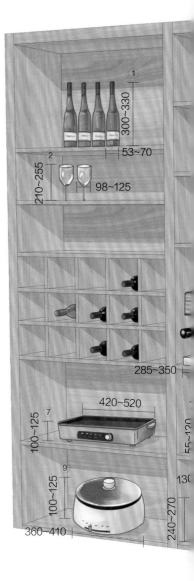

小贴士

柜体模块推荐尺寸

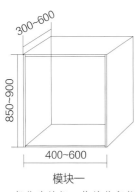

模块一

一般作为地柜，收纳体积较大的物品，如小家电

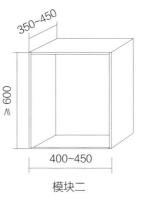

模块二

一般作为吊柜，可以放较轻的收纳品、展示品

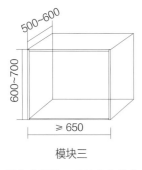

模块三

开放式柜隔，可以当作操作台或者摆放家电、杯具等

模块四

抽屉，可放零碎的杂物

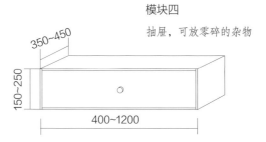

① 红酒

② 红酒杯

③ 餐盘架

④ 咖啡机

⑤ 吐司机

⑥ 微波炉

⑦ 电烤炉

⑧ 咖啡杯

⑨ 电火锅

⑩ 咖啡豆

⑪ 调料盒

⑫ 调料瓶

⑬ 电水壶

⑭ 水杯

⑮ 常温饮料

⑯ 茶叶罐

⑰ 奶粉罐

3. 为冰箱预留空间的餐边柜

冰箱是家庭中必备的电器，其放置位置大多在餐厅或厨房。若在餐厅摆放冰箱，在定制柜体时应留出相应的摆放区域。

应考虑散热问题

冰箱一般分为左右散热和上下散热两种款式，设计餐边柜时应加以考虑。

应考虑冰箱的开门角度问题

冰箱的开门角度也是影响餐边柜预留摆放空间的一个因素。目前，市面上比较常见的冰箱开门角度为 120° 和 90°。

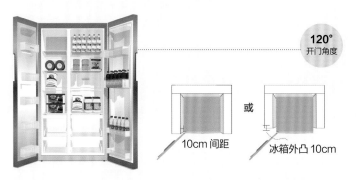

冰箱门扇开启最大角度为 120°：此种冰箱门扇需要开到 120°，才能将抽屉拉出。在摆放时应要留出开门的空间。

冰箱门扇开启最大角度为 90°：此类冰箱门扇开到 90° 时，冷藏、冷冻抽屉就能完全抽出，预留摆放空间时，只需考虑散热问题，不用考虑门扇开启所占用的空间。

左右散热

冰箱左右两侧需留出 2cm 以上的距离。

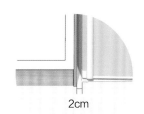

2cm

上下散热

冰箱上方需留出10cm左右的空隙。若空间有限,5cm左右也可以。

冰箱的常见形态

两门冰箱

容量:

≤ 300L

宽度:

50~60cm

深度:

有超薄款式

多门冰箱

容量:

300~550L

宽度:

60~80cm

深度:

无超薄款式

对开门冰箱

容量:

500~750L

宽度:

70~110cm

深度:

有超薄款式

4. 餐边柜设计细节：柜格、柜门和抽屉的选择

在定制餐边柜时，其设计细节，如柜格、柜门和抽屉的形态也应有所考虑。其中柜格的形态不外乎有开放式和封闭式两种，抽屉的设置需要考虑数量问题。最能展现柜体特色的则是柜门设计，主要有平开门、推拉门、上翻门三种，材质的选择也非常多样化。

柜门的常见形态

柜门常见推拉门、平开门和上翻门三种，这三种柜门形态各有利弊。其中平开门最常见，造价也最低，但是使用场景受限较多。例如，餐边柜和餐桌之间的间距较小，仅有保证通行的距离，那么餐边柜的下层地柜就不适合做平开门；上层吊柜使用平开门也往往会有碰头和开启不便的问题。推拉门使用便捷，节省空间，狭小空间也可以使用，但是密封性不佳，相对更容易受损，只能开启50%，不如平开门的100%开启度。上翻门不用担心碰头，大小设计相对比较自由，可以一扇门代替平开门两扇门的面积。但是上翻门需要有支撑，相对来说造价高，且支撑长期使用容易产生故障或耗损，后期维护比较麻烦。

推拉门
最省空间、最便捷

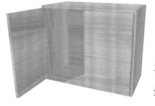

平开门
最常见、最省钱

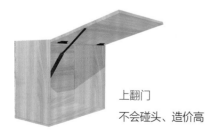

上翻门
不会碰头、造价高

抽屉的设置
要考虑餐厅布局

如果餐边柜和餐桌呈平行布局，且两者之间的间距较大，建议多做抽屉，存放一些和就餐有关的零碎物品。但如果餐边柜和餐桌呈T型布局，地柜中部则不适合做抽屉，否则开启不便。

小贴士　柜门的适合材质

　　柜门最常见的材质为板材，可以结合预算进行选择。玻璃也是比较流行的一种柜门材质。除了常见的透明玻璃，磨砂玻璃透光不透影，自带朦胧感，美观度较高，受到很多人的喜欢。

玻璃和板材结合的有框柜门，更加温润、自然

全部为玻璃的无框柜门，更加通透、现代

适用的
玻璃材质

夹丝玻璃

水纹玻璃

长虹玻璃

冰裂玻璃

夹层玻璃

开方式柜格的设置方式

　　开放式规格比较便捷，可以在吊柜下面做一两排，摆放调料、酒杯等都很适合。开放式柜格还可以结合小电器的尺寸设置，再加一个可抽拉式的隔板，方便散热。

● 案例分析（1）

与餐桌相连的半高式定制餐边柜

配色

餐边柜的色彩使用黑白灰无色系，具有现代感。其中，柜门运用了灰色玻璃，材质的变化丰富了空间的视觉表现力。

材料

① 纯色亚光饰面板

② 灰色玻璃

③ 白色亚光木饰面板

1　餐边柜的宽度较宽，与高度相同，同为900mm，较大的面积方便作为备餐的台面。

2　300mm 高的柜格可以根据需要存放餐具等物，方便随手拿取。

3　区别于顶天立地式的定制柜，方案中的餐边柜高为 900mm，小巧的形式适用于面积不大的餐厅，且摆放位置可以更加灵活。

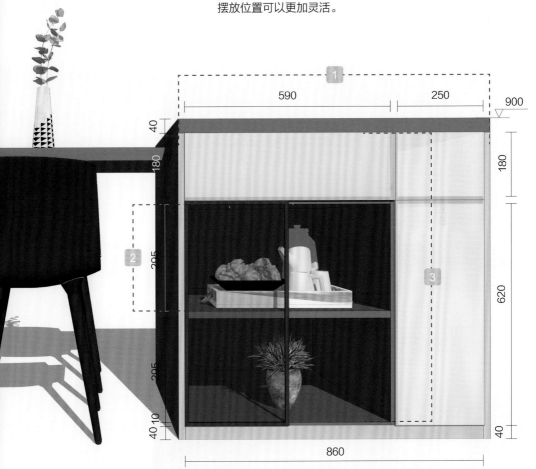

备注：此柜体的层板厚度为 20mm。

• 案例分析（2）

带操作台的定制餐边柜

配色

蓝色餐边柜带来清爽的气息，且与餐椅配色属于同一色系，使空间看起来整体性更高。

材料

① 蓝色免漆板

② 亚光木纹木饰面板

1 顶部 9 个大小基本一致的柜格可以用来收纳不常用的碗盘等厨房用品。

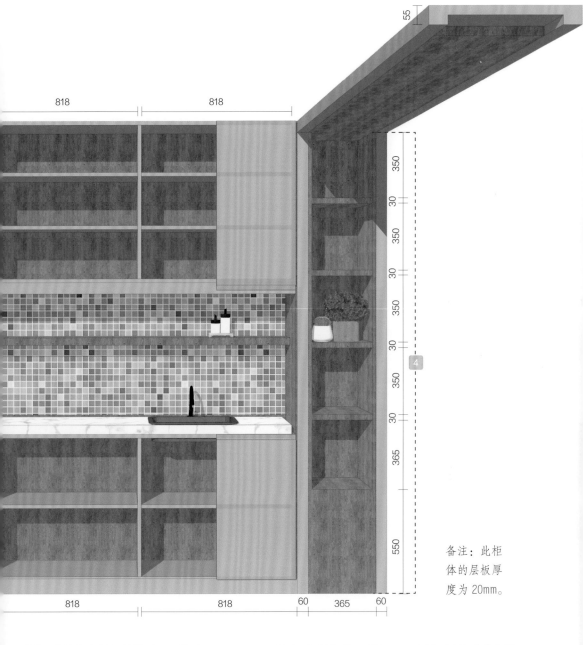

備注：此柜
体的层板厚
度为 20mm。

2　带操作台的柜体样式，预留出 680mm 的高度，中间用隔板隔开，隔板上不仅可以摆放小电器，还能摆放比较零散的小件物品。另外，操作台的整体长度在 2545mm 左右，且安装了水龙头与水槽，方便平时制作一些不需用明火烹饪的轻食。

3　底部柜格可以收纳一些小电器，如电磁炉、烤肉炉等，用时直接拿取。

4　开放式的柜格用来摆放装饰品，提高空间的美观度。

• 案例分析（3）

融入酒柜功能的定制餐边柜

1 冰箱上部设置了两个高 395mm 的柜格，充分利用了空间。

2 预留了摆放冰箱的区域，增加餐边柜的实用功能，且整体性较好。

3 单独设计了 5 个高 395mm、宽 890mm 的柜格摆放红酒和红酒杯，在家中也能体验小酌的乐趣。

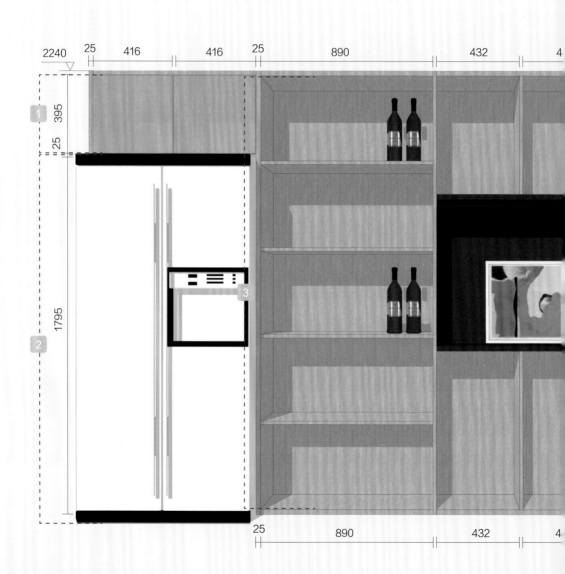

4 餐边柜的右半部分设计为有藏有露的形式，兼具收纳和展示功能，既保证了实用性，也提升了美观性。

配色

餐边柜采用木门和玻璃门相结合的方式，无论色彩，还是材质均有所变化。黑色作为点缀色，加强了餐边柜的现代感。

材料

① 木纹木饰面多层板

② 黑色烤漆玻璃

备注：此柜体的层板厚度为18mm。

• 案例分析（4）

兼具收纳与座椅功能的定制餐边柜

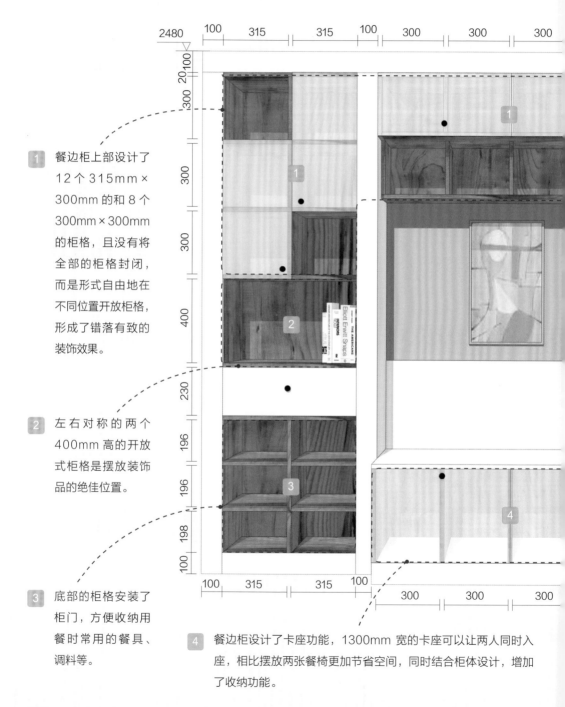

1 餐边柜上部设计了12个315mm×300mm的和8个300mm×300mm的柜格，且没有将全部的柜格封闭，而是形式自由地在不同位置开放柜格，形成了错落有致的装饰效果。

2 左右对称的两个400mm高的开放式柜格是摆放装饰品的绝佳位置。

3 底部的柜格安装了柜门，方便收纳用餐时常用的餐具、调料等。

4 餐边柜设计了卡座功能，1300mm宽的卡座可以让两人同时入座，相比摆放两张餐椅更加节省空间，同时结合柜体设计，增加了收纳功能。

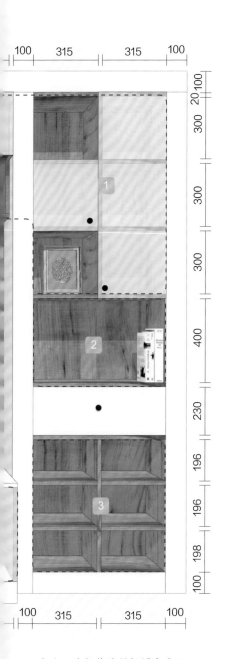

备注：此柜体的层板厚度为 20mm。

配色

白色的餐边柜与粉色的墙面相搭配，营造具有甜美感的空间氛围，提供了轻松、愉悦的就餐环境。

材料

① 白色亚光饰面板

• 案例分析（5）

彩绘柜门加强风格特征的定制餐边柜

配色

大面积的定制柜容易有单调感，本案例的定制餐边柜柜门绘制了彩绘，与白色和深木色的柜体相结合，显得清新雅致，又极具中国风。

材料

① 胡桃木多层板

② 定制风景画玻璃贴膜

③ 白色亚光饰面板

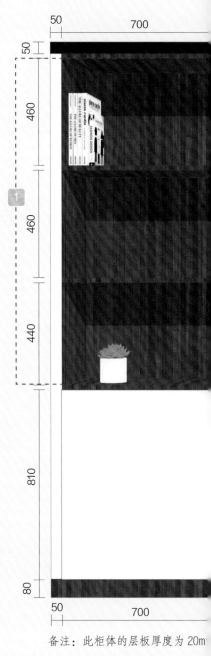

备注：此柜体的层板厚度为20m

1 开放部分的柜格高度为440mm和460mm，原木色的背饰更显中式感。

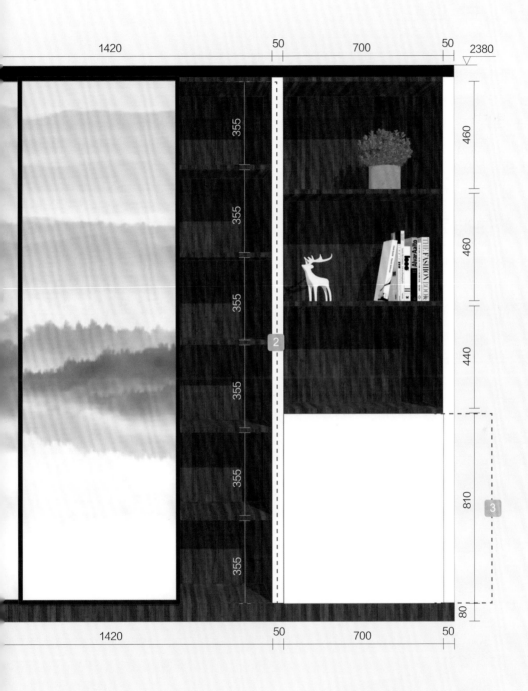

2 移动柜门的后面是 12 个高度和宽度相同的柜
格，可以收纳一些相对零碎的物品，关上柜
门也不会显得凌乱。

3 底部的柜格高度在 810mm 左
右，相对较高，可以用来收纳
较大的物品。

四、卧室柜体设计

卧室除了是休息的场所，也是衣物、寝具收纳的地方。衣柜是卧室中最主要的定制家具，主要承担收纳的任务。定制衣柜需要具备容量大、储藏能力强的特点，要充分合理地利用空间，使空间的利用率达到最大化。

1. 好的衣柜设计应"常用不乱"

卧室中需要收纳物品多而杂，一个"好"衣柜能在很大程度上减轻家居收纳工作。那么怎样的衣柜才能称得上是"好"衣柜？简单来说，好衣柜应该分区有序、整洁利落，并且能够做到"常用不乱"，设计一个好衣柜需要了解衣柜收纳区域的规划原理。

衣柜抽屉的不同尺寸

定制衣柜应该专门划分出抽屉区，并可以根据收纳物品的不同来设置抽屉的高度，从上往下，依次增加抽屉的高度。

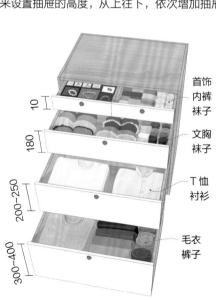

被褥区　位于衣柜顶部，干燥防潮。可存放换季不用的被子和衣物。

叠放区　可存放当季的毛衣、T恤、裤子等。最好设计为可调节的活动板层，方便根据需求改变层高，如果挂放衣服较多，可安放挂衣杆改为上衣区。

长衣区　可悬挂风衣、羽绒服、连衣裙等长款衣服。如使用人口较多，可适当加宽或设计多个长衣区，实现男女分区。

上衣区　可悬挂西服、衬衫、外套等易起褶皱的上衣。

抽屉（也可设计在视线高度区）　存放内衣，一般在上衣区下方设计3、4个抽屉。

格子架　可存放领带，里面有固定领带的夹子，无需太高空间。

裤架区　悬挂裤子，不易起褶皱。

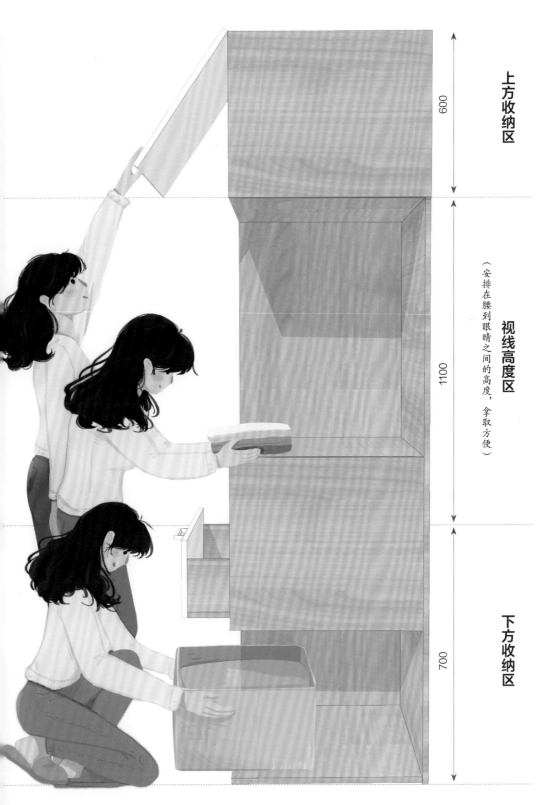

上方收纳区

600

视线高度区

（安排在腰到眼睛之间的高度，拿取方便）

1100

下方收纳区

700

2. 结合空间收纳需求做好衣柜分区

卧室需要收纳的物品主要为衣物（外套、裙装、普通下装、上装、内衣、袜子等），配饰（帽子、围巾、领带、皮带、包包等），以及床上用品（床单、被罩、被子、枕头等）。不同的家庭衣物数量不同，但需要收纳的物品类别大致相同。

收纳箱的尺寸

一般定制衣柜不建议做过多小面积的分隔，可以专门预留出一个大面积的区域，居住者可以根据需要，购买收纳箱来满足特定的收纳需求。另外，减少不必要的柜体分割可以减少板材的用量，更加环保、经济。

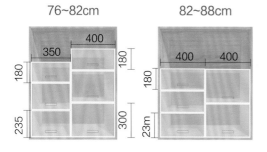

❤ 收纳箱的多样化组合形态

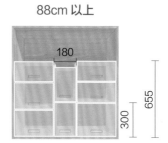

① 包包
② 围巾（折叠悬挂
③ 被褥区
④ 衬衫/T恤（叠放

小贴士

柜体模块推荐尺寸

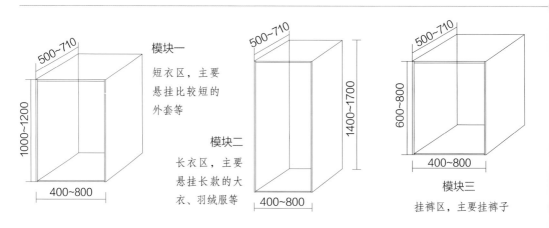

模块一
短衣区，主要悬挂比较短的外套等

模块二
长衣区，主要悬挂长款的大衣、羽绒服等

模块三
挂裤区，主要挂裤子

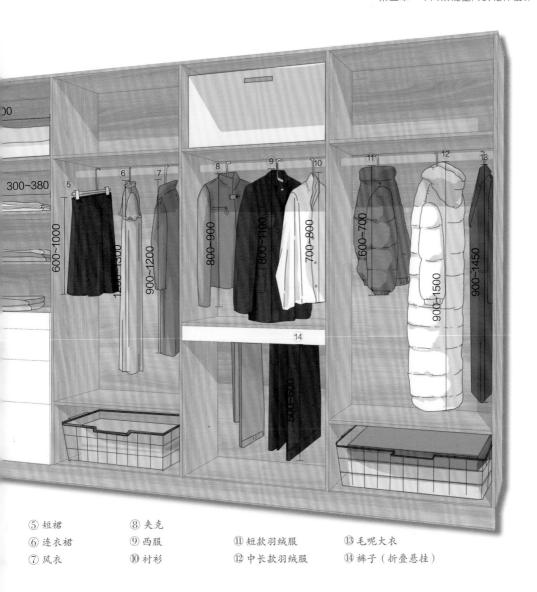

⑤ 短裙　　　⑧ 夹克
⑥ 连衣裙　　⑨ 西服　　　⑪ 短款羽绒服　　⑬ 毛呢大衣
⑦ 风衣　　　⑩ 衬衫　　　⑫ 中长款羽绒服　⑭ 裤子（折叠悬挂）

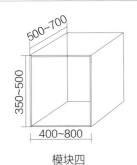

模块四

叠放区，主要收纳短袖、衬
衫或者裤子等

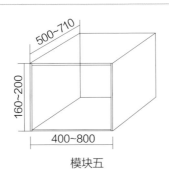

模块五

抽屉，也可以是拉篮，可放袜子、
领带、皮带等小件的衣物配饰

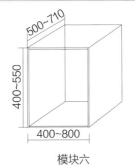

模块六

被褥区，主要放一些换季的
被子或不常穿的衣服等

3. 衣柜布局：竖向"三段式"

　　衣柜的布局设计可以将衣柜按竖向划分为男衣区，女衣区，被褥、饰品区 3 个区域。这样划分的好处是分区明确，夫妻拥有各自独立的收纳区域，使用起来明了方便，整理起来省时省力。

男衣区　　　　　　　　女衣区　　　　　　　被褥、饰品区

⬧ 衣柜竖向的"三段式"分区

布局参考一

◎ 墙面长度充裕，因此男衣区和女衣区均做了较细致的分区。女衣区将短衣区和长衣区做了区分，男衣区则划分出短衣区、叠放区、裤架区等区域。

◎ 配饰区分区简洁，专门预留出一个大面积的柜格，方便居住者更自由地规划需要收纳的物品。

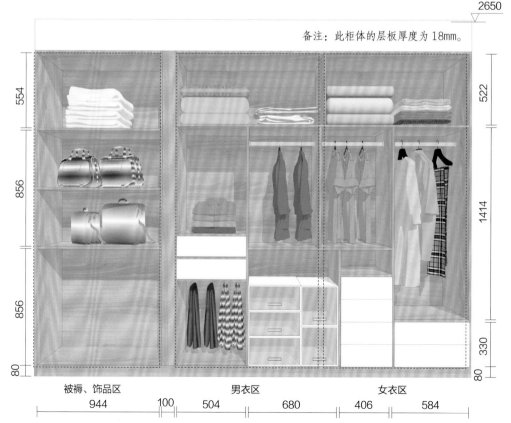

备注：此柜体的层板厚度为18mm。

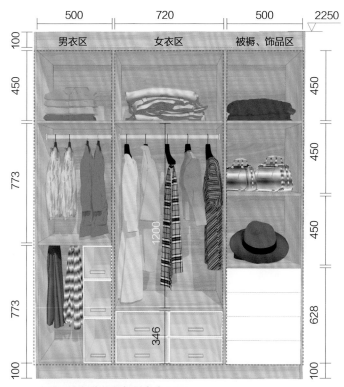

布局参考二

◎ 比较常规的衣柜布局，适合不超过 2m 长的卧室墙面。

◎ 由于空间有限，将叠放区放在了顶部，适合收纳一些穿戴频率较低的衣物。

◎ 面积有限的衣柜不适合做太多分隔，可以多预留一些大面积的柜格，居住者可以根据需要搭配合适尺寸的收纳盒。

备注：此柜体的层板厚度为 18mm。

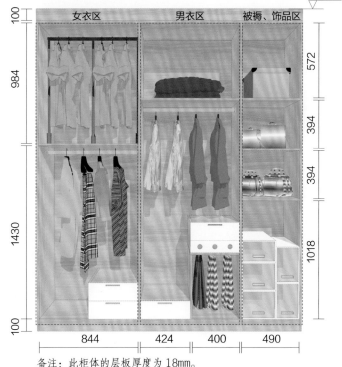

布局参考三

◎ 女衣区以挂衣为主，上部柜格设置了升降衣架，小个子的女业主也可以轻松拿取衣服。

◎ 被褥区规划在男衣区，被压缩的男衣区若储物空间不够，可以借用配饰区的空间。

备注：此柜体的层板厚度为 18mm。

 拓展阅读

衣柜与睡床的通行间距与活动尺寸

在卧室中，衣柜和睡床是最主要的大件家具。若要保证居住者在卧室中活动的舒适度，就要安排好这两件家具的尺寸距离。一般情况下，睡床和衣柜的布置要考虑取物尺寸、更衣尺寸，以及清洁尺寸。

900

600

取物尺寸

衣柜的深度一般为 600mm，放取衣物时要为衣柜门的打开和抽屉的拉出留出一定的空间。人在站立时拿取衣物大致需要 600mm 的空间，若有抽屉的衣柜则最好预留出大于 900mm 的空间。

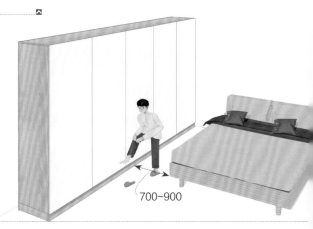

更衣尺寸

如果不想坐在床上更衣，衣柜和床之间最好预留 700~900mm 的空间。

700~900

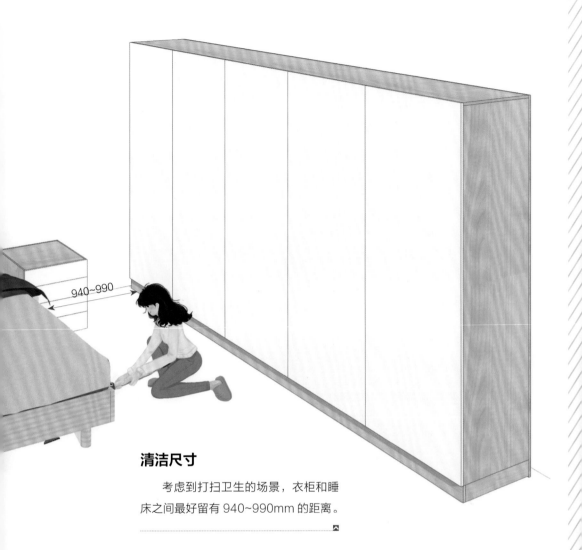

清洁尺寸

考虑到打扫卫生的场景，衣柜和睡床之间最好留有 940~990mm 的距离。

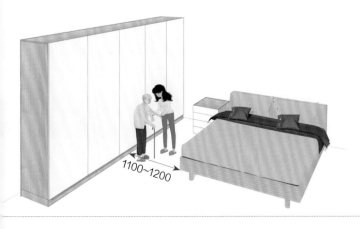

更衣尺寸

在老人房中，需要考虑照顾老人更衣的需求，衣柜和床之间的距离最好为 1100~ 1200mm。

4. 衣柜设计细节：柜门的选择

衣柜的柜门形式以平开门和推拉门为主，有时也会设计为折叠门和用布帘遮挡的形式。另外，柜门的数量取决于柜子的体量，应结合空间大小做选择。

柜门的 形式

衣柜柜门的选择和餐边柜略有不同，以平开门为首选，对于一些小户型可以选择推拉门或者折叠门，对于密闭性较好的空间，也可以选择布帘。

平开门

优点：和柜体贴合度好，不容易落灰；能
　　　够完全打开，衣物一览无余

缺点：开门占空间（如果柜子和床之间的
　　　距离小于 600mm，则不适合）

推拉门

优点：节省空间，适合小面积的卧室

缺点：轨道灰尘难打理，无法完全打开

折叠门

优点：节省空间，且柜门能够完全打开

缺点：容易出故障，维修成本高

布帘

优点：不额外占用空间，价格低

缺点：档次感欠佳，容易落灰，难打理

柜门的数量从两门到多门不等，可为单数也可为双数，具体数量可以参考空间大小，以及居住者的收纳需求来决定。以下衣柜尺寸仅做参考。

柜门的数量

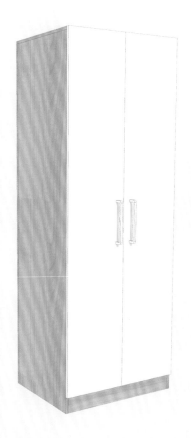

两门衣柜

柜体尺寸：

1200×580×2400

适合空间：

儿童房

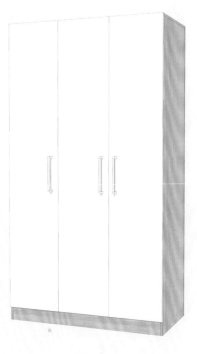

三门衣柜

柜体尺寸：

1800×600×2400

适合空间：

小户型家居

四门衣柜

柜体尺寸：2400×600×2400

适合空间：常见的类型，适合大多数家庭

五门衣柜

柜体尺寸：3000×600×2400

适合空间：中户型、大户型家居

六门衣柜

柜体尺寸：3400×600×2400

适合空间：大户型家居

5. "倒下的衣柜"——榻榻米设计

"榻榻米"源于日本，是日式家居的一种经典构件。榻榻米在满足坐卧、休闲等需求的同时，还能将下方空间利用起来做收纳，所以被越来越多的中国家庭所喜爱，非常适合小面积的卧室。

储物 + 休憩 + 玩耍型 基础版

◎ 设有地箱，便于储放物品，可以增加居室中的收纳能力。

◎ 比较适合低龄儿童房，平整且宽敞的空间适合孩子在上面爬行、玩耍。

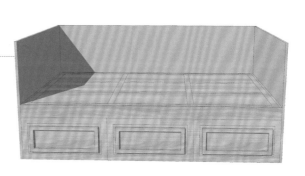

◎ 不仅具有储物功能，同时加入了升降桌，可以作为休闲会客的区域。

◎ 比较适合卧室较多的家庭，不以此空间作为主要的休憩区，而是作为多功能房使用。

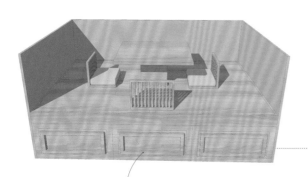

升级版 **储物 + 休憩 + 休闲会客型**

榻榻米的高度尺寸

榻榻米高度一般在 25~50cm。
25cm 以下的一般作为地台使用。
30cm 以上的榻榻米，较适合人体下肢弯曲后高度，坐卧都会比较舒服。

30cm 以下
只适合侧面做抽屉式储藏

榻榻米的选材

× 不推荐！

虽然价格便宜，但握钉力差，且不适合地热条件。

杉木

容易热胀冷缩，且需刷清漆，不环保。

橡木

价位较高、质地软、不耐划痕。

樟子松

√ 推荐！

握钉力好，稳定性强，翘曲变形小，不容易压弯。

实木颗粒板

环保，可循环利用，防水、防腐、防虫，且具有不燃性。

生态板

高配版

休憩＋一体式收纳家具

◎ 可以结合榻榻米设计一体式衣柜、书柜和写字桌，令空间的使用率达到最高。

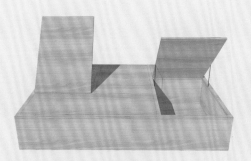

30~40cm

可做上拉式的翻盖门

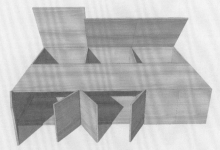

40～50cm

榻榻米的上面可做上拉门式翻盖门，正面可做平开门

• 案例分析（1）

富有童趣的"房子"造型定制柜

配色

白色与橡皮粉的色彩搭配，
既干净，又带有甜美的气息，
十分适合作为女孩房的配色。

材料

① 白色亚光多层板

② 莫兰迪色亚光多层板

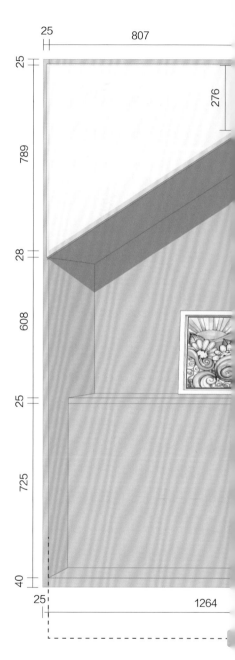

1 孩子睡眠区的墙面背景
设计为房子造型，增加
了趣味性。

备注：此柜体的层板厚度为 18mm。

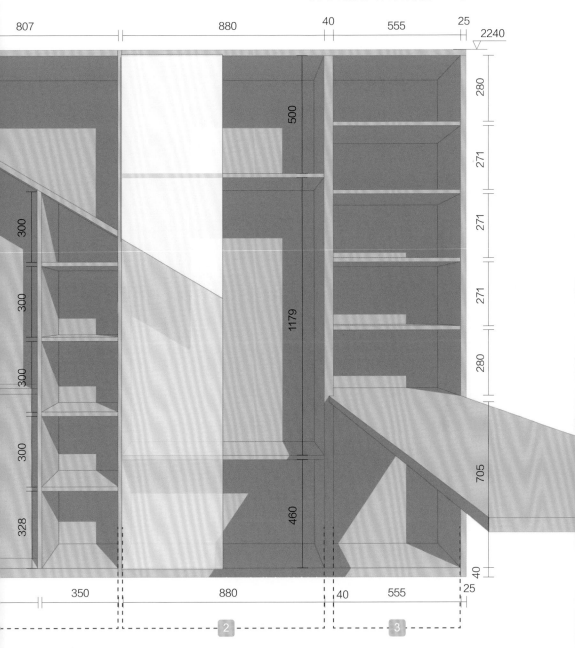

2 中间预留出 880mm 的宽度设计为衣柜，足够用来收纳孩子常穿的衣物。

3 左侧部分为 555mm 的开放式柜格，且与书桌相连，可以放置孩子常用的书籍及文具。

• 案例分析（2）

将整面墙填满的超长定制衣柜

1 整体衣柜的宽度将近 3.8m，收纳功能十分强大。

2 最左侧的柜体为叠放区，可以用来放置一些使用频率略低的衣物。

3 中间部分的两个柜体可以划分为男衣区和女衣区，夫妻的衣物分开收纳，一目了然，且拿取方便。

4 利用剩下 382mm 的宽度再次设置叠放区，充分利用空间。

5 飘窗部分的墙面也没有浪费，连接衣柜设计储物区用来收纳书籍。

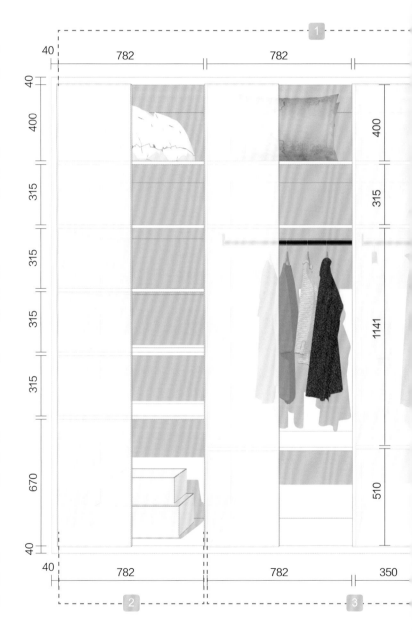

备注：此柜体的层板厚度为 18mm。

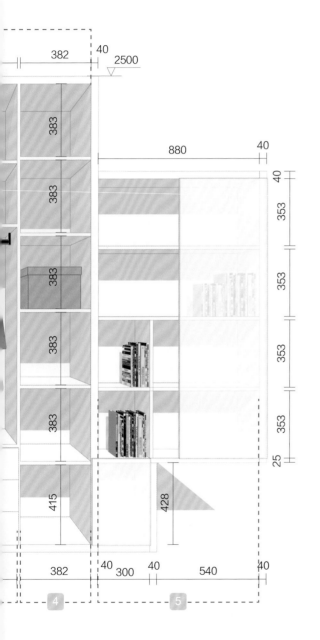

配色

整面墙的超长衣柜采用了米灰色，低调又高级，结合简洁、利落的造型，不会因为面积大而带来压迫感。

材料

① 暖白亚光多层板

• 案例分析（3）

充分利用空间的透明柜门定制柜

1 利用卧室房门左侧的角落定制一个宽 800mm 的小衣柜，充分利用空间，且与右侧的衣柜达到视觉上的平衡。

2 右侧的衣柜设置了叠放区、挂衣区、抽屉区，以及放鞋区，分区明确又合理。柜门采用透明玻璃，对于衣物的收纳有较高要求，否则会显得凌乱。好处是可以令空间显得通透，且呈现出高级感和现代感。

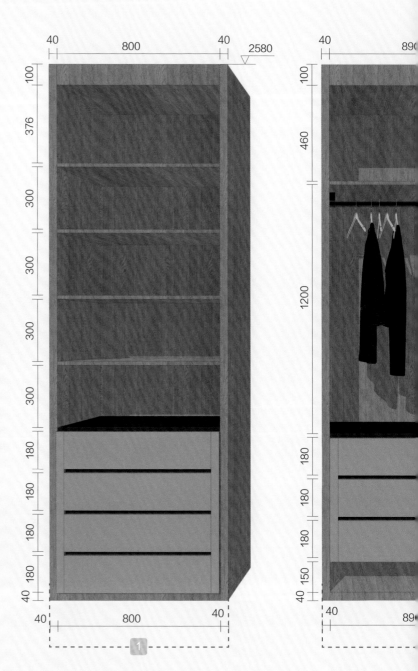

备注：此柜体的层板厚度为 18mm。

配色

深褐色的柜体带来沉稳的视觉感受，结合抽屉台面的少量黑色，使整体氛围充满理性感。透明玻璃柜门用银色收边条装饰，增加了柜体的细节，丰富了视觉层次，也体现出精致感。

材料

① 棕色玻璃

② 榆木多层板

• 案例分析（4）

满足收纳和工作的功能型定制衣柜

配色

深棕色的隔板、书桌，黑色的开放式柜格，白色柜门三者形成色彩对比，令整个卧室的色彩不会显得过于单调。

材料

① 木纹木饰面多层板

② 白色亚光多层板

③ 8mm 黑色铜板

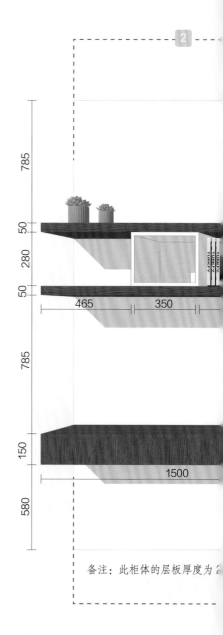

785
50
280
50
465　350
785
150
1500
580

备注：此柜体的层板厚度为2

 沿墙定制宽 4750mm 的超长衣柜，同时满足收纳和书桌的功能需求。

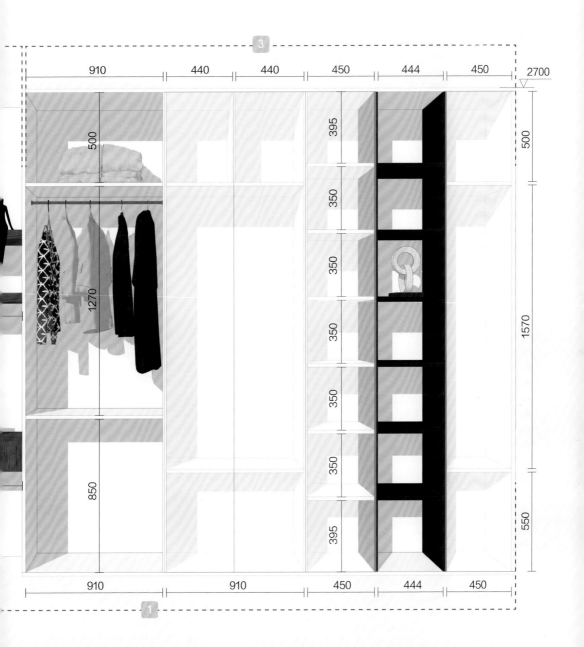

2 留出 1500mm 的宽度布置嵌入式书桌和书架，悬空的书桌设计使空间更简洁。

3 剩下 3250mm 宽的衣柜被有序地分成了悬挂区和叠放区，为了让整个定制柜达到视觉上的平衡，右侧衣柜预留出 444mm 做成了开放式黑色柜格，可以摆放书籍，也可以存放常穿的衣物。

• 案例分析（5）

衣柜、书桌和榻榻米结合的定制柜

配色

将衣柜、榻榻米，以及书桌设计为一体式，且统一为米色调，没有过于出挑的配色和夸张的造型，巧妙弱化大体量柜体的存在感。

材料

① 暖白亚光多层板

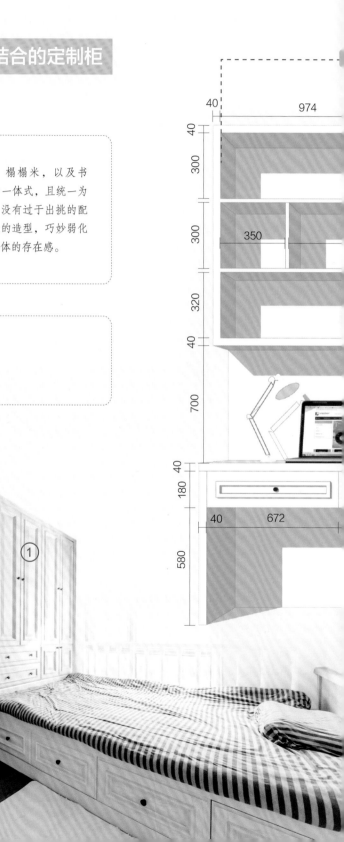

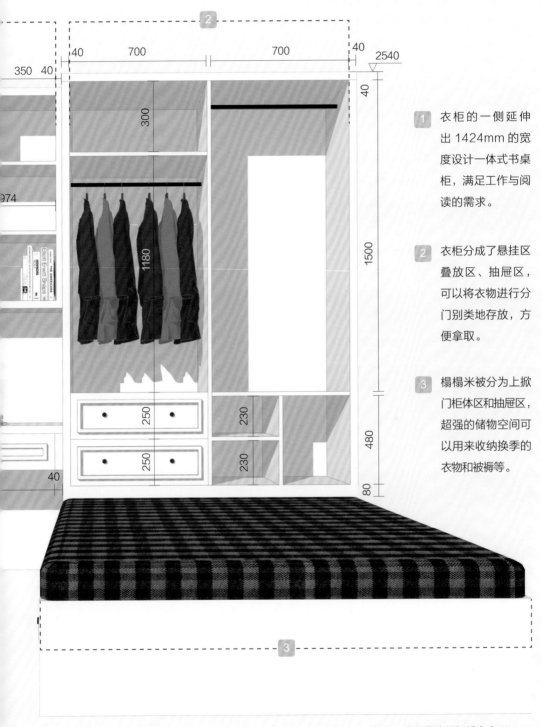

1　衣柜的一侧延伸出 1424mm 的宽度设计一体式书桌柜，满足工作与阅读的需求。

2　衣柜分成了悬挂区叠放区、抽屉区，可以将衣物进行分门别类地存放，方便拿取。

3　榻榻米被分为上掀门柜体区和抽屉区，超强的储物空间可以用来收纳换季的衣物和被褥等。

备注：此柜体的层板厚度为 20mm。

五、书房柜体设计

　　书房是居住者进行工作和阅读的场所，其定制柜体主要解决书籍、资料等的收纳问题。其中书柜作为书房中的主要定制柜体，其形态设计比较多样化，总体来说有一字型、L 型和 U 型 3 种，在此基础上通过设计不同的内部结构、层板数量、柜门样式，满足居住者的个性化需求。

1. 书柜形态：一字型、L 型和 U 型

　　定制书柜的形态一般分为一字型、L 型和 U 型，可以根据居住者的需求、喜好以及室内面积来选择。另外，还可以将书柜和书桌结合设计，令使用功能更加完备。

书柜常见形态

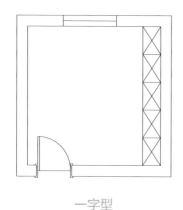

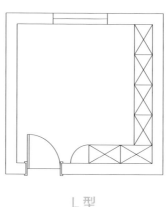

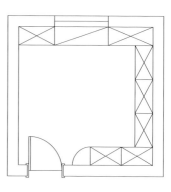

一字型	L 型	U 型
将书桌靠一面墙布置，这样的布局比较简单，适合大部分空间。	也称之为"转角书柜"，收纳的体量更大，但书房空间尺寸需要在 3200 mm×2000mm 以上。	这种布局可以最大程度上利用空间，但在设计时需要避开窗户。

　　功能更强大的一体式书桌柜：书桌和书柜一体的组合设计，能营造落落大方、干净利落的感觉，同时可以更方便地存放、拿取所需要的书籍和资料。

◀ 基础款一字型书桌柜，比较简单的设计款式，可以满足基本的工作、阅读需求，也可以做成L型、U型

▲ 双人款书桌柜，可双人同时使用，适合夫妻一起办公，也可以满足二胎家庭的使用需求

▲ 紧挨书桌的"手边柜"，在书桌旁侧做开放式柜格，放置常用的书籍和资料，方便使用。其他柜体做封闭式，不易落灰

▲ 隐藏推拉式书桌柜，隐藏式推拉书柜可以更灵活地契合空间，且收纳量巨大，不用时可以将其完全推入，令空间显得更加整洁、利落

2. 结合空间收纳需求做好书柜分区

　　书籍和杂志是书房中最主要的收纳物品，应根据开本大小和使用频率，放在不同区域、不同高度，方便取用。另外，一些日常工作中需要用到的文件资料、办公用品，如笔、本子等也是书柜收纳应考虑的。

柜格的尺寸设定

　　① 宽度　　书柜隔板厚度一般为 18~25mm 的密度板，材料的厚度决定了柜格的最大宽度。若使用厚度为 18mm 的刨花板或密度板，格位宽度不能大于 800mm；如果使用厚度为 25mm 的刨花板或密度板，格位的宽度不能大于 900mm；如果使用实木板，极限宽度一般为 1200mm。但考虑到实际使用需求和书柜的美观度，建议将收纳柜的宽度控制为 400~600mm。

　　② 高度　　书柜格位的高度可以参照书籍高度而定，总的原则是宜高不宜低，但最高不要超过 800mm，一般来说 450mm 就足够使用。

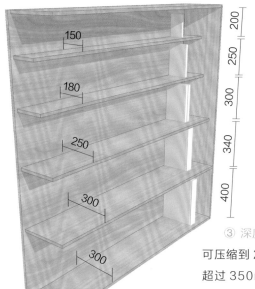

　　③ 深度　　一般来说，书柜的深度推荐为 300mm，最低可压缩到 280mm，如果空间宽敞，可以加宽到 350mm，超过 350mm 会有些浪费。但是，如果需要做收纳抽屉，400~500mm 的深度最为合适。

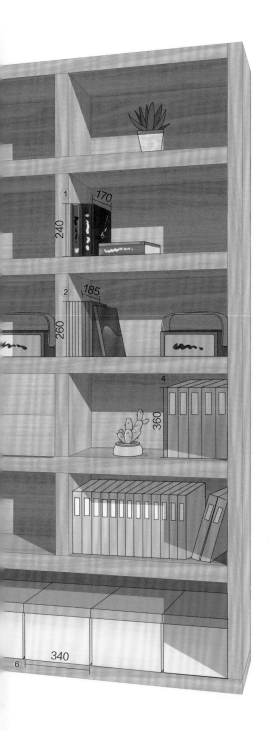

① 书籍（B5 国际开本）
② 书籍（正 16 开本）
③ 杂志（大 16 开本）
④ 文件夹
⑤ A4 打印纸
⑥ 收纳纸箱

小贴士

柜体模块推荐尺寸

300~350

300

400~600

模块一

可放书籍、杂志等，16 开书的层板高度可为 280~300mm；大开本杂志的层板高度可为 320~350mm

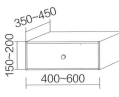

350~450

150~200

400~600

模块二

抽屉，可放零碎的物品，高度在 150~200mm 就够

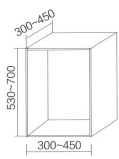

300~450

530~700

300~450

模块三

可收纳一些体积较大的物品

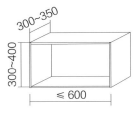

300~350

300~400

≤ 600

模块四

活动层板，长度最好不要超过 600mm，否则容易压弯

模块五

可做成开放式柜格

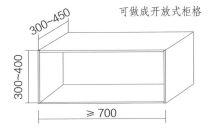

300~450

300~400

≥ 700

3. 儿童书柜应和成人书柜区别设计

设计儿童使用的定制书柜时，应从儿童的年龄和身高出发，考虑儿童书柜的高度和进深。可以将 3~18 岁的儿童分为 3~6 岁学龄前、6~10 岁小学前期、10~13 岁小学后期、13~18 岁中学阶段 4 个年龄阶段。每个阶段的儿童身高差异较大，因此在选择书柜时应尽量考虑可以调节高度的款式。另外，书籍存放的区域应从儿童的最佳眼动视野和最佳观察视野进行考虑，同时还要考虑视区划分及辨认效果。

① 了解儿童身体数据

了解儿童身体数据：如以身高为 115cm 的男童为例，身高用 H 表示，可以得出如下数据。

肩宽 ≈ 0.222H（即 25.5cm）　　　　两腕平展长度 ≈ 0.8H（即 92cm）

眼高 ≈ 0.933H（即 108cm）　　　　臂长（L）≈（0.8H-0.222H）÷2 ≈ 33.5cm

肩高 ≈ 0.844H（即 98cm）

儿童能够方便拿取书籍，首先要满足在有效观察区内最高位置不超过向上的臂长，最低位置也不低于向下的臂长。

儿童书柜高度设置
分步流程

（以身高为 115cm 的男童为例）

② 计算方便辨认的高度范围

根据书籍最佳放置角度与眼高关系，可计算出方便辨认的高度。

眼高向上高度 =sin35°·L=sin35°× 33.5cm ≈ 19cm；

容易辨认的书柜高度 = 眼高 + 眼高向上高度 =127cm。

③ 计算方便拿取高度范围

根据书籍最佳放置角度与肩高关系，可以计算出方便拿取高度。

肩高向上高度 =tan35°·L=tan35°× 33.5cm ≈ 23.5 cm；

方便拿取的书柜高度 = 肩高 + 肩高向上高度 =121.5 cm。

④ 最佳书柜高度

取容易辨认的书柜高度和方便拿取的书柜高度范围的交集，则适合身高为 115cm 的儿童的理论最佳书柜高度范围在 121.5~127cm 之间。但因为儿童所穿衣物普遍比成人多，实际操作中需要考虑服装修正量。例如，儿童穿了鞋袜，高度大约增加 3.5cm，且拿取书籍的方式通常是只从书本中部抓握就可以取出，但是书本离书柜边缘还有一定距离，所以考虑心理修正量，高度可再增加 5cm，得到书柜的最佳高度为 130~135.5cm。

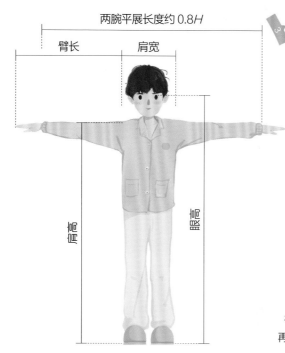

两腕平展长度约0.8H

臂长　肩宽

肩高　眼高

15° 45° 130°

○ 最佳视区 能在短时间轻松辨认清楚
○ 有效视区 需集中精力，才能辨认清楚
○ 最大视区 可感到形体存在，但轮廓不清

各年龄阶段的书柜高度范围

👤 男孩身高　　👤 女孩身高　　📚 适合使用的最佳书柜高度

| 940~1160 | 1118~1299 | 1160~1370 | 1359~1518 | 1370~1560 | 1590~1718 | 1560~1760 | 1799~1940 |

| 940~1140 | 1118~1299 | 1140~1320 | 1347~1473 | 1320~1510 | 1541~1676 | 1510~1630 | 1753~1804 |

（3~6岁）	（6~10岁）	（10~13岁）	（13~18岁）
学龄前	**小学前期**	**小学后期**	**中学阶段**

• 案例分析（1）

不规律设置木色柜门的书房定制柜

配色

白色柜体搭配木色门板，上半部分开放式柜格和带门的柜格穿插出现，呈现出灵动、跳跃的视觉效果。

材料

① 15mm 黑色铜板

② 木色亚光多层板

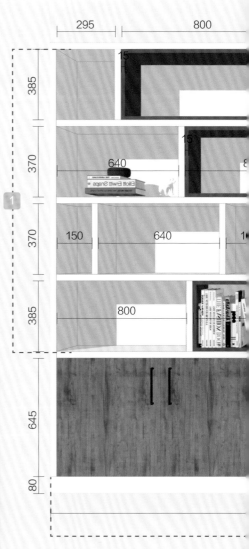

1 整个书柜柜格的高度统一在 370mm 和 385mm，但因为柜格宽度不同以及色彩不同，形成了很好的韵律感。

800　　800　　295　　800　　2405

15　150

800　　600　　800

800　　600　　800　　600

15　　　　　　15

470　　600　　800　　320

2

4028

3

备注：此柜体的层板厚度为34mm。

2　书柜底部做了一排645mm
　　高的柜子，可以存放一些较
　　重的物品。

3　半隐式的书柜占满了整个墙
　　面，书柜格位数量多，有足
　　够的空间放置书籍。

• 案例分析（2）

融入"天圆地方"概念的书房定制柜

1 圆形是最能体现中式
风格的图形，在书
柜中间留出半径为
450mm的圆形柜格，
摆上同样是中式风格
的摆件，成为书房的
视觉中心。

2 两边预留出460mm
宽的柜格，摆放书籍或
装饰品均十分合适。

3 圆形柜格周围的柜格
宽度保持在300mm左
右，但柜格内的隔板宽
度只有200mm，小于
柜格的宽度，这样的设
计让整个定制柜更加
独特。

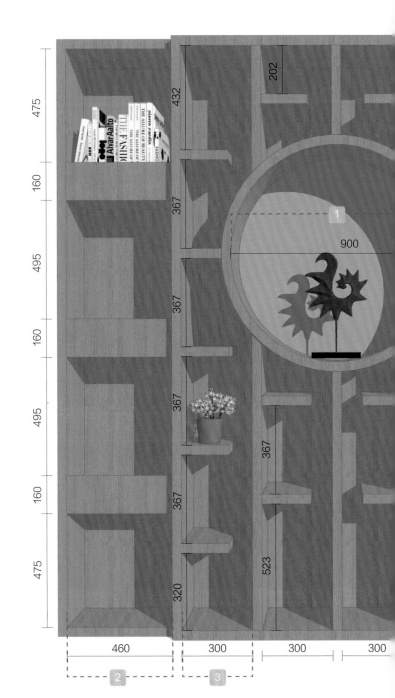

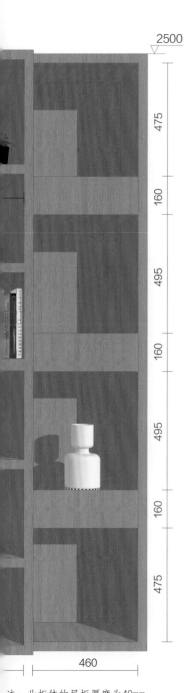

2500

475

160

495

160

495

160

475

460

①

注：此柜体的层板厚度为40mm。

配色

整个定制柜均采用浅木色，搭配暗藏灯带，营造出雅致的氛围感，与中式风格的书房格调相符。

材料

① 木色亚光颗粒板

• 案例分析（3）

能够放下大量书籍的 L 型定制书柜

1　书柜短边总长为 2000mm，收纳量同样强大。

2　书柜长边总长为3290mm，且被分隔为350mm和800mm两种不同宽度的柜格，产生灵动的视觉效果。

3　书柜中搭配设计了若干个尺寸有别的小抽屉，收纳一些零碎物品非常方便。

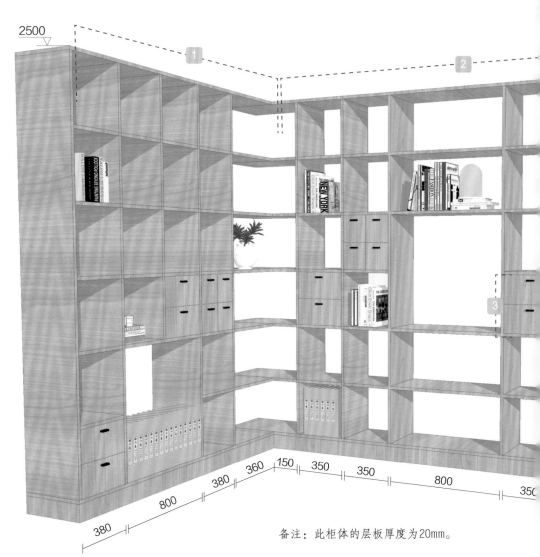

备注：此柜体的层板厚度为20mm。

配色

开放式的浅木色 L 型书柜给人清新、自然的视觉感受，期间点缀的绿植为空间注入了生机。

材料

① 木色亚光多层板

• 案例分析（4）

与书桌相连的不加背板的书房定制柜

1 书柜顶部设置了两层高度为 300mm 的开放式柜格，可以摆放一些装饰物或具有收藏价值的书籍。

2 中间的镂空部分作为装饰空间，台面上可以摆放常用书籍，方便拿取。

3 书柜底部做了高度为 520mm 的封闭柜格，可以用来收纳一些不常用的书籍和其他书房用品。

备注：此柜体的层板厚度为30mm。

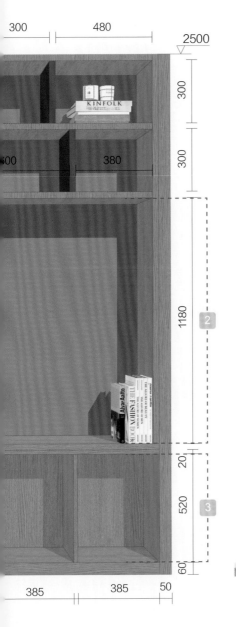

配色

不同于常规的定制书柜，不加背板的书柜显得更加轻盈。在配色方面，定制书柜的色彩并不复杂，简单的米灰色搭配黑色，低调、简约，但橙色的背景墙如神来之笔，加强了空间的个性。

材料

① 木色亚光密度板

• 案例分析（5）

适合二胎家庭的书房定制柜

1 3800mm 宽的定制柜看上去是一个整体，但被巧妙地分成了两个区域。

2 左右两边做成完全对称的设计，各有一个 1200mm 宽的书桌空间，两个孩子都能有自己独立的学习和收纳空间。

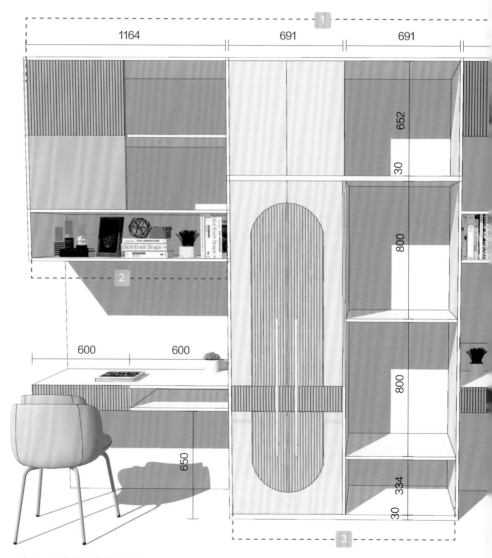

备注：此柜体的层板厚度为18mm。

3 中间设有一个 1400mm 宽的封闭式柜体，可以收纳一些使用频率较低的物品，关上柜门后整个空间显得非常整洁。

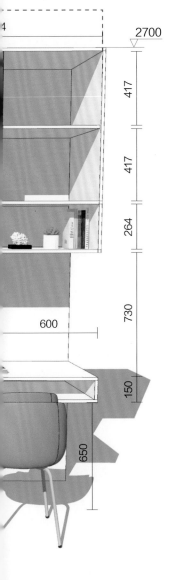

配色

定制书桌柜的色彩虽然丰富，但被统一在温柔的灰调中，显得舒适、和谐。书桌柜被分为两个区域，灰绿色区域和灰紫色区域，为两个孩子划分出专属的个人空间。

材料

① 藕粉色多层板

六、厨房柜体设计

厨房可以说是家中收纳的头部空间，需要为柴米油盐、瓶罐碗筷以及各种物品找到安身之所。整体橱柜作为厨房中主要的定制柜体，不仅要满足美观度的问题，更应该考虑烹饪时对各种物品拿取的便利性与高效性。

1. 橱柜形态是确定厨房布局的依据

一般来说，橱柜的形态在一定程度决定了定制橱柜的形态。厨房有五种格局，即一字型、L型、U型、走廊型和岛台型。不难发现，前四种格局，如果厨房空间的面积相同，U型厨房是使用率最高的布置方式；一字型和走廊型使用率相对较低；相比U型厨房，L型厨房对空间的开门位置要求不高，因此适用面更广泛；岛台型格局使用率非常高，且功能强大，但是却对空间面积要求较高，和开放式厨房一样，较少出现在中国家庭中。

厨房常见布局

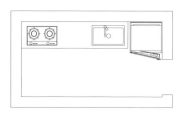

一字型

优点：结构简单明了，适合小户型家庭，节省空间面积

局限：通常需要厨房长度净尺寸大于2.7m，宽度净尺寸大于2.1m

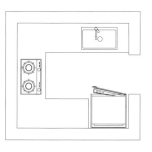

U型

优点：可以形成良好的正三角形的厨房动线

局限：通常需要厨房长度净尺寸大于2.7m，宽度净尺寸大于1.8m

U 型橱柜和 L 型橱柜的
优劣对比

① U 型橱柜和 L 型橱柜相比，核心优势为**节省面积**。

厨房的台面面积完全相等，厨房面积却差了 30%

VS

▲ U 型

厨房面积：4.86m² 台面面积：3.06m²

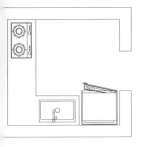

▲ L 型

厨房面积：7.02m² 台面面积：3.06m²

② U 型橱柜和 L 型橱柜相比，劣势在于**受空间形态的限制较多**。

实现 U 型橱柜的 3 个条件

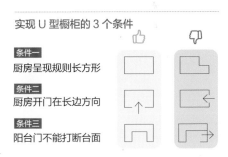

条件一
厨房呈现规则长方形

条件二
厨房开门在长边方向

条件三
阳台门不能打断台面

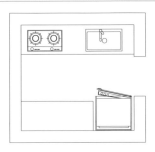

L 型

优点：可以将各项厨房设备依烹调顺序置于 L 的两条轴线上，空间利用率高

局限：通常需要厨房长度净尺寸大于 2.1m，宽度净尺寸大于 1.5m

走廊型

优点：清洁区、配菜区位于一侧，烹调区位于另一侧，分工明确受空间局限较小，适合对侧墙面均有门的厨房

局限：不利于管线的集中布置，需要双侧设置竖向管线，占用面宽过大。通常需要厨房长度净尺寸大于 2.7m，宽度净尺寸大于 2.1m

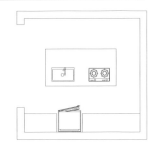

岛台型

优点：空间开阔，使用便捷。中间设置的岛台具备更多的使用功能

局限：需要的空间面积较大，适合大户型

2. 橱柜设计应考虑使用动线

　　动线对厨房很重要，厨房的布局是顺着食品的贮存、清洗、烹调这一操作过程安排的，厨房布局最主要的任务就是设置这三项工作的设备，即安排冰箱、炉灶和洗涤池的位置。一般来说，一字型厨房三项功能依次排序即可。其他布局的厨房，三项功能最好能组成一个工作三角。因为这三项功能通常要互相配合，相互之间最好能形成最短的距离，以节省时间、人力。理想情况是，三边之和以 3.6~6m 为宜，不同工作点之间的距离最好为 0.9~1.8m，过长或过短都会影响操作。

小贴士

厨房布局动线参考

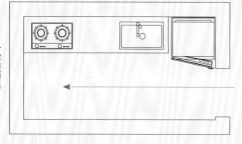

一字型厨房

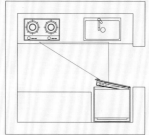

走廊型厨房

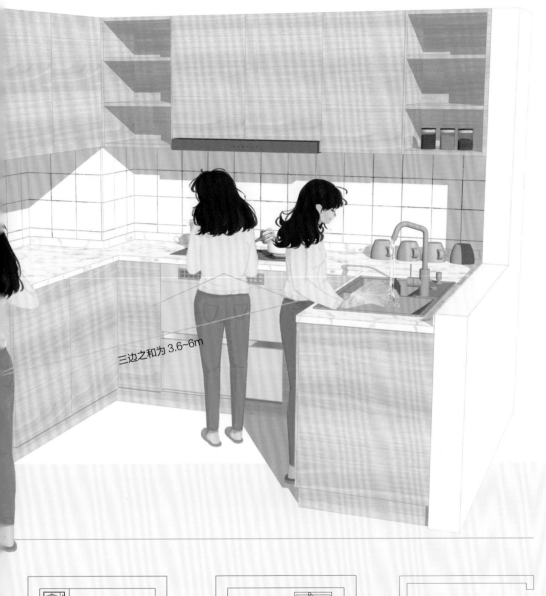

三边之和为 3.6~6m

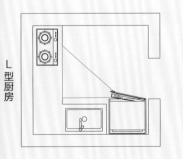

L 型厨房

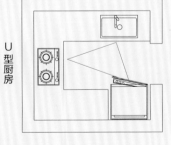

U 型厨房

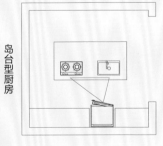

岛台型厨房

3. 不可忽略的橱柜人体工学

在规划设计整体橱柜时，还应充分考虑人体工学。一个符合人体工学的橱柜能让烹饪时光变得轻松、愉悦。具体设计时，可以从纵横两个方面来考量橱柜的人体工学问题。

橱柜横向尺寸
（工作台面尺寸）

沥水区

从水槽到墙边的空间设置沥水区。在这里预留适当面积，可以搁置沥水架，洗完碗盘，在此控水，干净卫生。

备餐区

切菜的区域称为备餐区。需要在这里完成的活儿最多，需要摆放的东西也最多。

盛盘区

从灶台到墙边的位置称为盛盘区。预留盛盘区的好处是可提前在此放好盘子，炒完菜装盘后也可先将菜肴安置于此处，十分便捷。

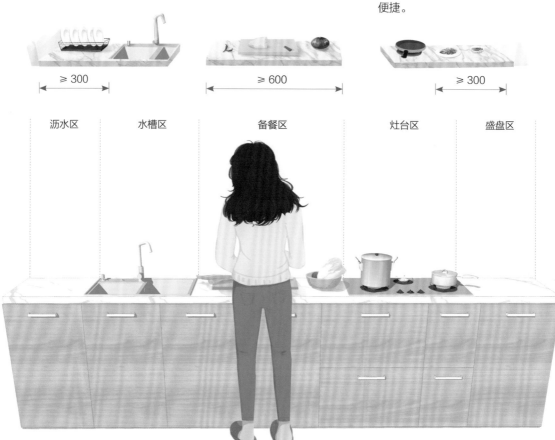

≥ 300　　　　　≥ 600　　　　　≥ 300

沥水区　　水槽区　　备餐区　　灶台区　　盛盘区

橱柜纵向尺寸

① 吊柜的进深一般为 350mm。

② 吊柜底到操作台面的距离以 600mm 为佳，能够保证操作区的宽敞。

③ 吊柜底到地面的距离最好在 1.55~1.6m 之间，否则容易碰头。

④ 吊柜若高于 2.25m，使用者不容易够到物品。

⑤ 可以根据使用者身高计算地柜的高度，地柜高度＝身高（cm）/2+5cm。

⑥ 地柜的进深以 600mm 最为常见，不宜过深，否则容易拿取物品不便利；若厨房空间较小，橱柜进深也可以适当缩减。

落差式吊柜

　　抽油烟机对距离灶台的高度有一定的要求，如顶吸油烟机到台面的标准安装距离为 650~750mm，这时可以考虑做落差式吊柜。

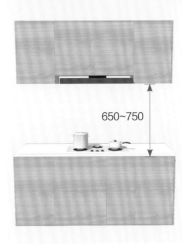

650~750

①吊柜的进深
300~400

②吊柜底到操作台面的距离
500~600

③吊柜底到地面的距离
1550~1600

④吊柜顶到地面的距离
一般为 2250

⑤工作台面到地面的距离
800~850

⑥地柜的进深
600

4. 橱柜收纳：考虑物品的"轻""常""重"

定制橱柜除了需要具备辅助完成烹饪工作的功能之外，还需要具备强大的收纳功能。通常情况下，橱柜中承担收纳功能的部分包括：吊柜、地柜和橱柜台面（墙面）。在进行设计时，应充分考虑不同区域收纳物品的特点。

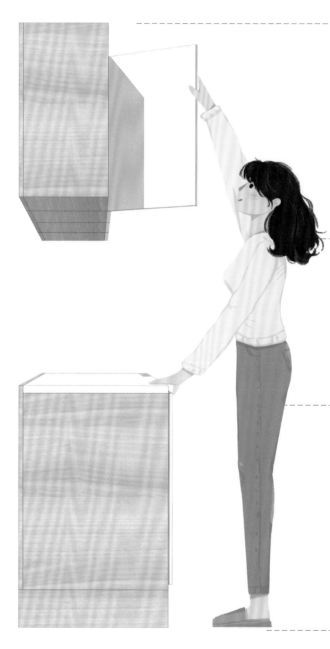

吊柜

一般可以将重量相对较轻的食品、杯具等易碎物品放在吊柜中。另外，由于吊柜较高，拿取物品相对不便，也可以将一些使用频率较低的物品放在此处。

中心区

橱柜台面和墙面是厨房中最容易显乱的地方，因为日常烹饪中所用到刀具、炒菜铲、汤勺、常用的调味料、微波炉、电水壶等，为了拿取方便，都会放置在此。

地柜

地柜位于橱柜的下部区域，一些较重的不方便放于吊柜里的厨具可以放于此处。

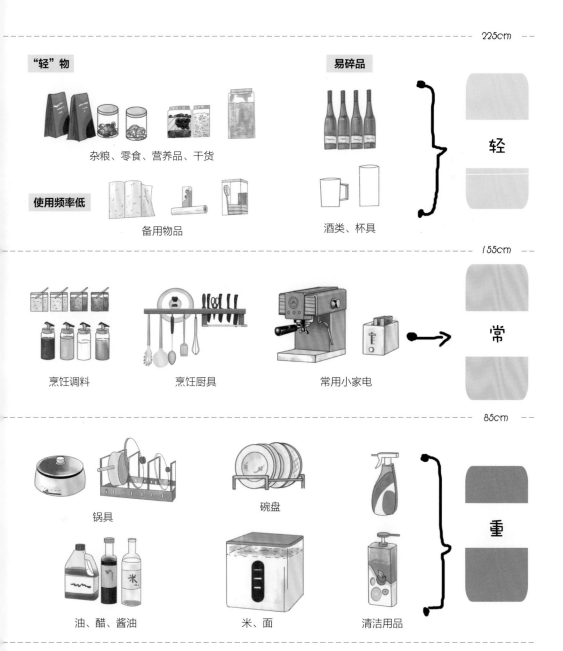

"轻"物

杂粮、零食、营养品、干货

使用频率低

备用物品

易碎品

酒类、杯具

轻

225cm

烹饪调料

烹饪厨具

常用小家电

常

155cm

锅具

碗盘

清洁用品

油、醋、酱油

米、面

重

85cm

5. 结合空间收纳需求做好橱柜分区

烹饪时，为了尽可能缩小移步范围，可以将烹饪用具和调料就近收纳，同时使用的物品尽可能地摆放在一起。例如，将各种锅一起放在水槽下面，碗筷等餐具和调料放在灶台附近。这样的布局能帮助主妇省时省力地完成烹饪工作。

家电预留尺寸

对于面积充裕的厨房，可以考虑做电器嵌入式柜体，通常将烤箱、洗碗机做嵌入式设计，具体可参考下图。

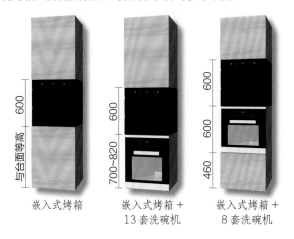

嵌入式烤箱　　嵌入式烤箱+　　嵌入式烤箱+
　　　　　　　13套洗碗机　　 8套洗碗机

小贴士

柜体模块推荐尺寸

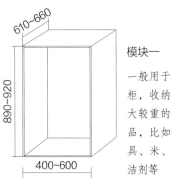

模块一

一般用于地柜，收纳较大较重的物品，比如锅具、米、洗洁剂等

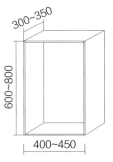

模块二

一般用于吊柜，主要放置不常用且较轻的物品，如干货、餐具等

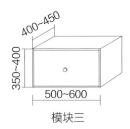

模块三

抽屉的适合尺寸，可以放筷子、刀具、调料等需要随时拿取的小物品

① 厨房纸巾
② 保鲜膜
③ 清洁配件
④ 杯子
⑤ 干货
⑥ 盒装五谷杂粮
⑦ 横杆
⑧ 调料盒
⑨ 置物架
⑩ 清洁用品
⑪ 炒锅置物架
⑫ 米桶
⑬ 刀叉抽屉
⑭ 碗盘抽屉
⑮ 调料

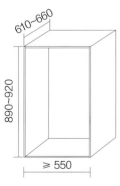

模块四

转角柜的适合尺寸，在L型、U型厨房转角处，可以设置转角柜放置碗筷、调料等

模块五

一般为高柜，可集成若干电器

6. 橱柜设计细节：台面、灶具和水槽的选择

除了构建柜体用到的板材之外，定制橱柜还需要考虑台面、灶台、水槽等配件的用材。通常情况下，这些配件的选择较多，可以根据空间面积和使用需求来选择。

常见的台面材质

石英石 推荐

优点：耐高温、耐磨损，造价较低

缺点：有拼缝，易生细菌，破损难修复

适用人群：追求天然纹路和经济装修

不锈钢

优点：防火、易清洁、环保无辐射

缺点：不适用于管道多的厨房

适用人群：追求时尚的年轻人

人造石／亚克力

优点：造型多、无缝隙、易修复

缺点：防烫能力弱；受力过重易产生裂纹

适用人群：环保人士

防火板

优点：色泽鲜艳、耐高温，价格适中

缺点：怕水、易脱胶、易变形

适用人群：追求时尚、简约的人群

台面：将整体橱柜中的地柜拼接起来，形成一个整体，上面覆盖的整块台面就是"橱柜台面"。

备注：如果选择石英石、人造石等石料做台面，尽量不要挑选过浅的纯色；带有纹理的米色或灰色是首选。

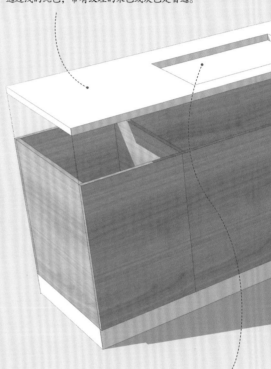

水槽：厨房中的清洁设备，材质以不锈钢为主，可以根据厨房面积的大小来选择合适的类型。

单槽 推荐

特点：水槽盆体大，清洁物品方便

适用家庭：尺寸多样，适合各类厨房

常见灶具材质

玻璃台面

优点：色彩靓丽、造型美观，易清洁

缺点：易爆裂

陶瓷台面

优点：不易磨损，不易变形，易清洁

缺点：不耐刮，颜色较单一

不锈钢台面 `推荐`

优点：易清洁，更易与大理石台面搭配

缺点：市场产品少

灶具：厨房中最具"烟火味儿"的设备，在选购时可以根据个人喜好选择合适的材质。

双槽

特点：可以满足分区操作的需要

适用家庭：厨房面积允许的家庭

三槽

特点：能同时进行浸泡、洗涤及存放等多项功能

适用家庭：别墅等大户型

常见水槽类型

7. 多做抽屉的橱柜更好用

　　抽屉相对于柜格来说，具有"拿取方便"和"一目了然"的优势，可以带来便捷的烹饪时光。但是，抽屉式地柜相对柜体式地柜的造价略高，因此在设计时，可以将柜体式和抽屉式相结合，既达到有一定数量的抽屉的目的，又在一定限度上节省预算。

橱柜抽屉的适合位置

　　在整体橱柜中，除非是预算实在不允许，否则一定要配置2组抽屉。抽屉可以配置在切菜区或者烹饪区，搁置厨房中常用的零碎物品，方便使用。

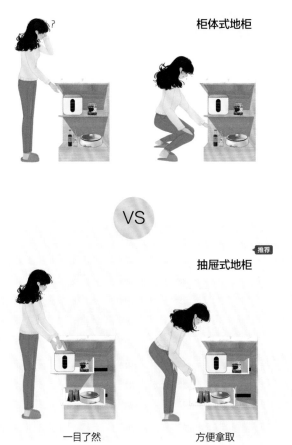

柜体式地柜

VS

抽屉式地柜 推荐

一目了然　　　　方便拿取

🔻 抽屉式地柜和柜体式地柜的使用便利性对比图示。抽屉式地柜一般不需要大幅度弯下身就可拿取物品

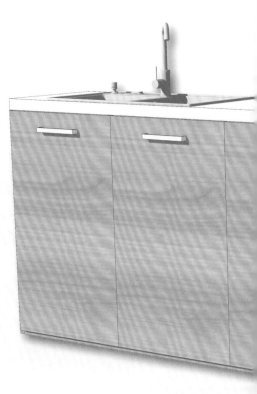

普通抽屉　　　　　　　　　　　调料抽屉

• 案例分析（1）

结合开放式置物架的一字型定制橱柜

配色

牛油果绿饱和度低，具有优雅又清新的视觉效果，搭配木色，给人纯净、高雅之感。

材料

① 木纹多层板

② 绿色多层板

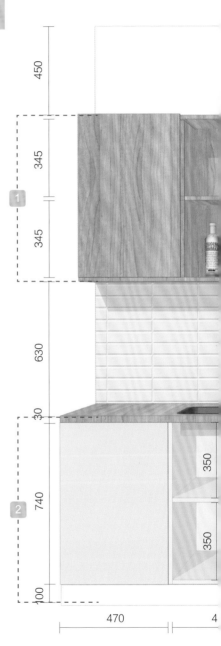

1 顶柜柜格设计了不同的高度和宽度，可以根据需要存放一些较轻的物品。

备注：此柜体的层板厚度为20mm。

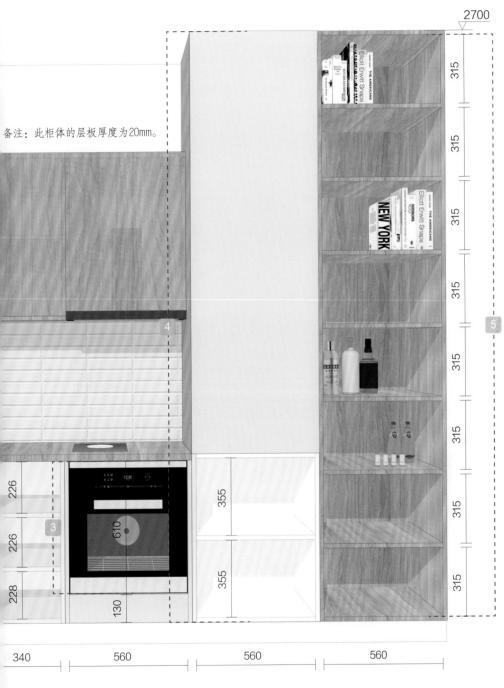

2700

315
315
315
315
315
315
315

5

226
226
228

610
130

355
355

340 560 560 560

2 地柜的高度为870mm，符合人体工学，使用起来比较舒适。

3 专门规划出一个高610mm的柜格，用以安置嵌入式烤箱。

4 根据层高定制高柜，并规划出不同高度的柜格，收纳功能十分强大。

5 开放式置物架有效利用空间，且丰富了柜体的功能性，可以放置书籍、酒类等物品。

• 案例分析（2）

充满活力的 L 型定制橱柜

配色

定制橱柜分为吊柜和地柜两个部分，橙红色的吊柜洋溢着无限热情，白色的地柜则干净、素雅，红白的色彩搭配为空间注入活力的同时，也不会显得过于刺眼。

材料

① 爱马仕橙多层板

② 白色多层板

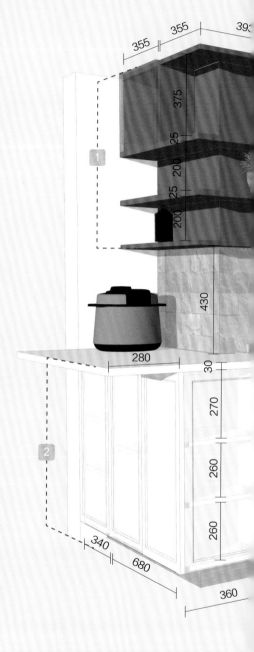

1 吊柜不仅有带柜门的形式，也有开放式搁板的形式，从视觉上说，具有丰富的变化性；从功能上说，可以完成更加多样化的储物需求。

备注：此柜体的层板厚度为20mm。

2 地柜一部分高度为980mm，不仅设置了不同规格的柜格，同时还可以作为吧台使用。

3 具有高低差的地柜，更加人性化，850mm 的高度适合 160cm 左右的主妇使用。

• 案例分析（3）

结合楼梯空间设计的 L 型厨房定制柜

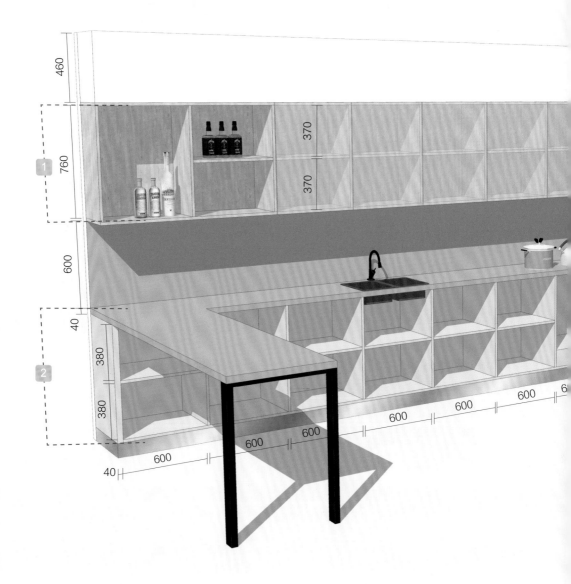

1 开放式厨房的定制柜造型可以尽量简单，顶柜的柜体尺寸多数统一为600mm×370mm，令柜体看起来更整洁。

2 地柜尺寸与顶柜尺寸大致相同，但用柜门的色彩进行区分，规整中不失变化。

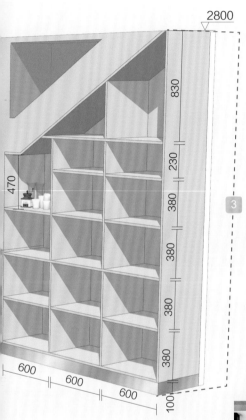

2800

830

230

380

380

380

380

470

600　600　600

100

3

备注：此柜体的层板厚度为 20mm。

配色

灰蓝色作为大面积配色营造出高级感，木色柜体则为空间注入一分温暖感，整个空间显得十分清爽雅致。

材料

① 木色亚光多层板

② 蓝色多层板

3 将楼梯下方的空间利用起来，制作了 2800mm×1880mm 的定制柜，充分利用空间，并使橱柜形成了 L 型的布局，动线更顺畅。

案例分析（4）

带吧台的 U 型定制橱柜

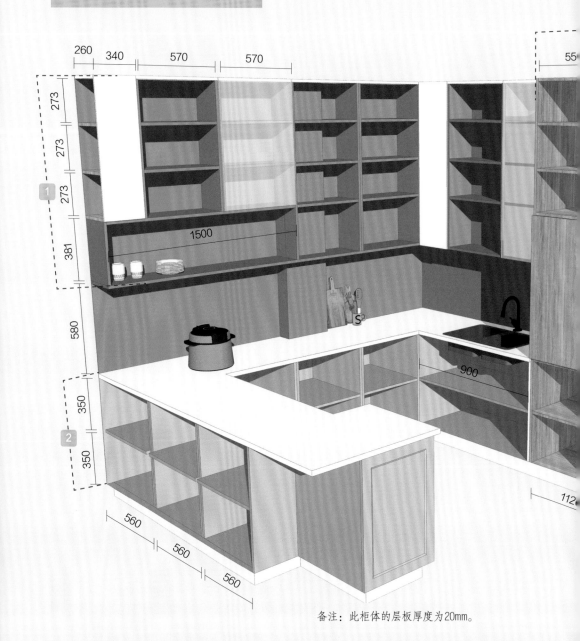

备注：此柜体的层板厚度为20mm。

1 橱柜吊柜的高度接近 1300mm，被分隔成了多种规格，有藏有露的形式创造了丰富的视觉变化。

2 地柜的柜格划分同样呈现出精细化特征，并将吧台部分的柜体开门方向朝向外侧，使用起来更加方便。

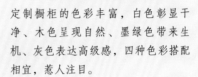

配色

定制橱柜的色彩丰富，白色彰显干净、木色呈现自然、墨绿色带来生机、灰色表达高级感，四种色彩搭配相宜，惹人注目。

材料

① 白色多层板

② 木色亚光多层板

3　U 型橱柜的长边预留出 2040mm 的长度来规划顶天立地式的收纳柜体，并将常用的厨房电器做嵌入式设计，非常实用，且收纳功能强大。

• 案例分析（5）

最大限度利用空间的 U 型定制橱柜

1 吊柜一部分做了单层格子的形式，底部的空间用于摆放冰箱。

2 吊柜部分高度为730mm，多柜格的形式可以分门别类地存放不同的厨房用品。

3 地柜的高度为740mm，并且将柜格和抽屉进行结合设计，为橱柜增加多样化的收纳形态。另外，抽屉的设置可以将一些零碎物品进行很好的收纳。

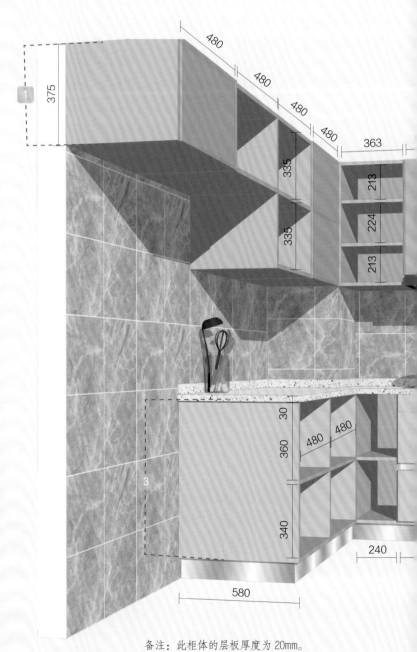

备注：此柜体的层板厚度为 20mm。

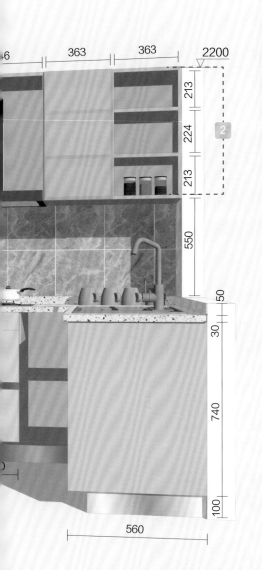

配色

灰色调的定制橱柜带来理性和高级的视觉感受。同时，带有光泽感的材质特征，有效化解灰调带来的黯淡感。

材料

① 卡其灰多层板

② 石英石水磨石

七、卫生间柜体设计

卫浴柜是卫生间中最主要的定制柜体，也是卫浴间内的收纳主体，尤其是小面积的卫生间，卫浴柜的设计是否合理关系到卫生间使用的便捷性和舒适度。与成品卫浴柜相比，定制卫浴柜更能满足个性化的使用需求，同时外观也更易于与整体家装形成统一感。

❯ 落地式卫浴柜设计为有藏有露的形式，可以满足多种收纳需求。另外，橙色柜体与蓝色墙面形成了色彩对比，创造出充满活力的空间感

1. 卫浴柜的形态：悬空式与落地式

卫浴柜虽然属于小体量的定制柜体，但其形态非常丰富多样。从安装方式上来说，可以分为落地式和悬挂式。其中落地式卫浴柜直接坐落于地面，是比较传统的浴室柜形式，适合干湿分离的卫浴；若空间较潮湿，则可以选择四角落地式浴室柜。悬挂式卫浴柜则是被固定在墙面上，底部与地面有一定的距离，便于清扫，没有卫生死角。除了这两种形式之外，卫浴柜还可以根据居住者的需求，进行个性化的设计。

小贴士 **卫浴柜基材的选择**

卫浴柜材质，特别是基材的选择需要注意一个原则性问题——防潮、防水。在众多的基材中，推荐选用防水中纤板。另外，如果卫浴柜为落地式，其底部可以粘贴防水铝箔来有效防潮。

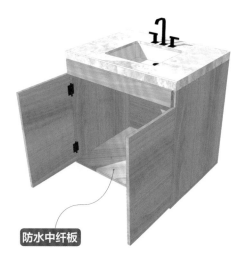

防水中纤板

将经过挑选的木材原料粉碎成粉末状后，经特殊工艺加工而成的一种"刚性"板材，防水性能优于普通纤维板。

⊿ 带有梳妆功能的卫浴柜适合大面积空间

🔺 四脚落地式卫浴柜可以有效隔离地面的潮气，防止柜内的物品受潮发霉

🔺 悬空式卫浴柜造型简洁、轻盈，十分适合小空间

🔺 将洗衣机融入卫浴柜的设计中，增加使用功能

2. 结合空间收纳需求做好卫浴柜分区

卫浴柜涉及的收纳用品常见如下几类：① 盥洗及护肤用品：如牙刷、牙膏、洗面奶、水乳等，也包括与盥洗相关的小电器，如吹风机、剃须刀等。② 沐浴用品：如备用的洗发水、护发素、沐浴液等。③ 洗涤用品：如洗衣液、消毒液、肥皂等，也包括晾衣架、洗衣袋等盥洗工具。④ 如厕卫生用品：如卫生纸、卫生棉等。

需要注意的是，由于卫生间的环境较为潮湿，在收纳时一定要注意防潮。

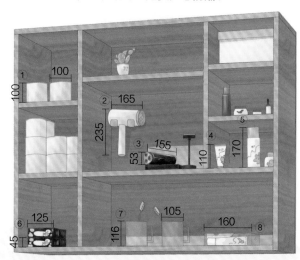

① 卫生纸
② 吹风机
③ 剃须刀
④ 洗面脸
⑤ 护肤品
⑥ 卫生巾
⑦ 牙缸
⑧ 牙膏
⑨ 洗手液
⑩ 洗脸盆
⑪ 鞋刷
⑫ 沐浴露
⑬ 洗发水
⑭ 护发素
⑮ 肥皂盒
⑯ 洗衣凝珠
⑰ 洗衣液
⑱ 消毒液

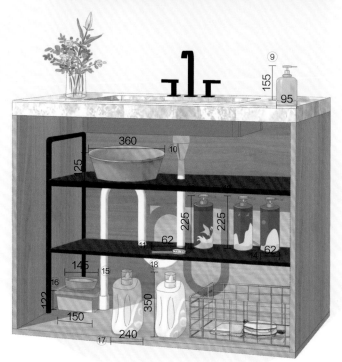

卫浴柜镜柜的尺寸标准

① 高度和深度：高度大多为 600~700mm，深度则多为 120~150mm，常收纳牙膏、牙刷、刮胡刀等轻小型物品。

② 安装高度：镜箱距地面的高度一般为 1000~1100mm，保证站立在镜子前时能照到上半身，且儿童和坐姿操作时也能照到，这样的尺寸设置也比较方便物品的拿取。

卫浴柜地柜的尺寸标准

进深：进深取决于面盆尺寸，面盆常见进深为 480~620mm。卫浴柜则依照面盆大小向四周延伸，一般进深不会超过 650mm。

宽度：标准宽度为 800~1000mm。若卫生间面积较小只放台盆，则宽度为 500mm 左右。

高度：标准高度为从地面到面盆上边缘 800~850mm（包含面盆高度）。若家中有老人或小孩，也可以考虑降低浴室柜的高度，建议在 650~700mm 之间。

① 进深 480~650mm
② 标准宽度约为 800~1000mm
③ 地面到面盆上边缘 800~850mm
④ 四脚式卫浴柜柜底与地面最少要保持 150mm

柜体模块推荐尺寸

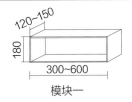

模块一

可收纳牙缸、剃须刀等小物件

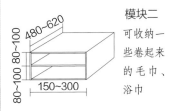

模块二

可收纳一些卷起来的毛巾、浴巾

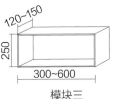

模块三

可收纳大多数 250ml 以内的清洁和护肤用品

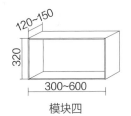

模块四

可收纳大多数 500ml 以内的清洁和护肤用品

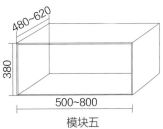

模块五

可收纳 2.5kg 大容量的洗衣液、消毒液等

• 案例分析（1）

线条简洁、利落的定制卫浴柜

1 镜箱左侧预留出 3 个开放式柜格，可以放置一些每日必用的洗面奶、牙缸等物件。

2 镜箱右侧为封闭式，收纳电吹风、刮胡刀等使用频率稍低的零碎的用品，也不会显得杂乱。

3 底部柜格被分为三部分，左侧两个 373mm×307mm 的格子中可以收纳卫生纸等卫生用品；右侧 373mm×632mm 的格子则可以用来存放洗衣液、消毒液等大容量的洗涤用品。

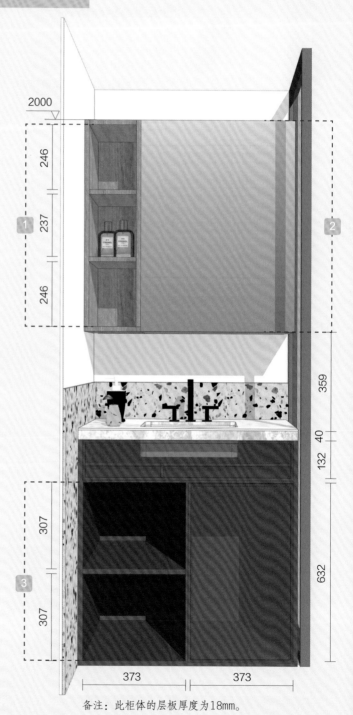

备注：此柜体的层板厚度为18mm。

配色

深棕色的定制卫浴柜作为空间中最深的配色，营造了沉稳的气息，同时也与整体家居设计柔和的气质相契合。

材料

① 木纹多层板

② 白色人造石台面

③ 红棕色多层板

• 案例分析（2）

可以摆放下洗衣机的定制卫浴柜

配色

黑色的卫浴柜和洗衣机呈现出低调、沉稳的气质，为了避免空间的色彩过于厚重，因此用木色进行调剂。

材料

① 仿古砖文化木瓷砖

② 黑色实木混油饰面

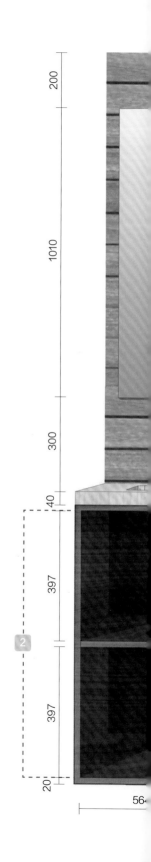

2400

50 650

1 在镜子旁边设置两个搁板，用来摆放常用的洗漱用品，方便拿取。同时也可以放置香薰瓶，调节卫生间的空气。

2 左侧地柜设置了两个高 397mm 的柜格，用来存放体量较大的洗衣用品。

3 将滚筒式洗衣机嵌入到卫浴柜中，合理利用空间。

备注：此柜体的层板厚度为18mm。

• 案例分析（3）

储物功能强大的 L 型定制卫浴柜

1 卫浴柜左侧的柜体总高度达2400mm，且被分为 5 个高度不等的柜格，可以将物品分门别类地进行收纳。

2 镜箱的尺寸为1200mm×1160mm，足够收纳一家人日常的洗漱和护肤用品。

3 底部两个柜格用来收纳洗衣用品再合适不过。

备注：此柜体的层板厚度为18mm。

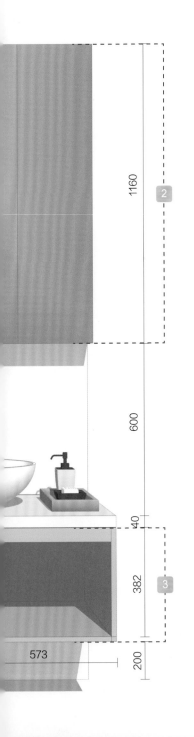

配色

清新的蓝白色调，以及直线条为主的造型，展现出了现代简约风格简洁、实用的特点，细节处线条和把手的使用，又不乏细节美感。

材料

① 实木板蓝色混油饰面

② 人造石台面

• 案例分析（4）

用材质体现现代、时尚感的定制卫浴柜

配色

定制卫浴柜的柜门采用光亮的银镜材质，搭配爵士白大理石，色彩和谐，并呈现出强烈的现代感。

材料

① 爵士白大理石瓷砖

② 镜面不锈钢型材

50

1264

50

314

1 卫浴柜的左右
两侧分别设置
了 858mm ×
514mm 的柜
子，可以根据
需要收纳清洁
用品。

858　　　　　416　　　　　858

备注：此柜体的层板厚度为18mm。

2 卫浴柜的中间部分设置了两个小柜格，可以收纳一些洗漱用品，
补充墙面嵌入式格子收纳能力的不足。

• 案例分析（5）

比例对称的双台面定制卫浴柜

配色

白色混油饰面的定制卫浴柜搭配金色把手，简洁中不乏品质感，令人一见倾心。

材料

① 实木板混油饰面

② 人造石台面

1201

330

450   765

1 卫浴柜中定制了大量的抽屉，比起柜子来说更适合收纳零碎的小物，可以将物品进行细化收纳。

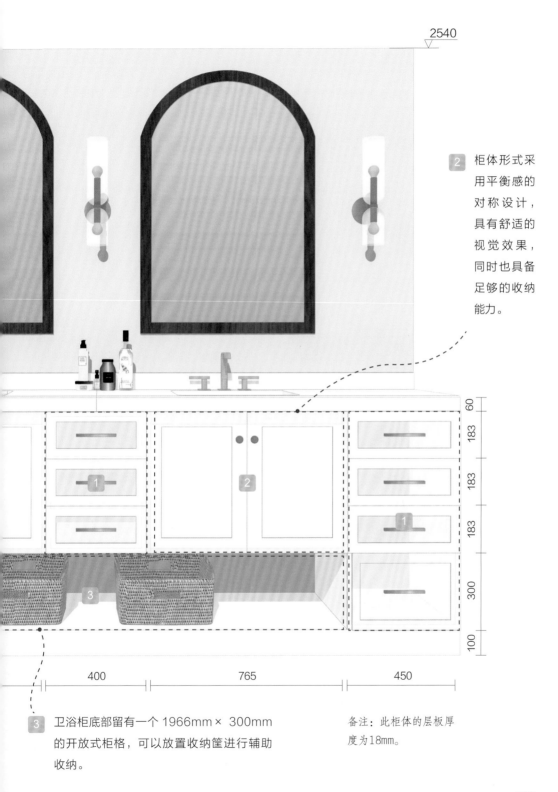

2540

2 柜体形式采用平衡感的对称设计，具有舒适的视觉效果，同时也具备足够的收纳能力。

60
183
183
183
300
100

400   765   450

3 卫浴柜底部留有一个1966mm× 300mm的开放式柜格，可以放置收纳筐进行辅助收纳。

备注：此柜体的层板厚度为18mm。